時報出版

一輩子要學會的職場黃金課

7堂課保證你工作事業都順利

把小事情做
永遠是升官發財的

克服苦與難，
成功的可貴才會刻骨銘心

重視團隊合作能力的公司．
才會贏

每個人都可以是
神乎其技的職場達人

老闆與上班族都是用
專業溝通，打遍天下

從窮爸爸到富爸爸，
真的只需花六年

只有工作挫折
更能帶來正面力量

伍忠賢 博士——著

目錄
CONTENTS

自序　對自己有信心，你可以成功的！……009

第一課　了解就業市場趨勢

其實你可以不用工作……014
人們為什麼工作？……019
為什麼要做工作規劃？……024
多算勝，少算不勝，何況不算？……029
台灣就業市場的供需數量……036
機器搶走你的工作——SWOT分析中的威脅……040
就業市場的價格：薪資水準……044
人力短缺的量與質……049
就業市場的「時」……055

職場能力量表 …… 059
兩岸三十五歲員工職場能力比較 …… 065

一第二課一 盤點你的欲望、野心與志向

職場成功的關鍵成功因素 …… 072
操之在己的職涯成功十堂課 …… 077
從窮爸爸到富爸爸只花了六年——電影「當幸福來敲門」 …… 081
欲望與野心 …… 086
遠志與小確幸 …… 093
看見未來的趨勢 …… 099
「學習」使美夢成真 …… 102
勤於動腦，提高你的智商 …… 107
勇於冒險，抓住更多機會 …… 112
工作的風險等級量表 …… 117

目錄
CONTENTS

如何讓自己有Guts ⋯⋯ 122

第三課 克服負面挫折、發揮優勢

知己，才能克己 ⋯⋯ 128
克服人性負面的一面，發揮正面的一面 ⋯⋯ 133
遠離負面的人與事 ⋯⋯ 138
不患手機成癮症 ⋯⋯ 143
努力耕耘，收穫滿滿 ⋯⋯ 149
一萬小時的練習 ⋯⋯ 153
誠信——兼論職場倫理 ⋯⋯ 158
工作挫折帶來的正面力量 ⋯⋯ 163
恆心，堅持下去的紀律 ⋯⋯ 168

恆心造就鈴木一朗的安打王紀錄……173

第四課　訂定職涯目標與策略

如何衡量你的職場成就？……178
為你的成功下定義——創新工場董事長李開復的經驗……183
一生四階段的工作考量比重……189
「勤於動腦」的職場策略……195
怎麼確定你走對路？……201
年輕人高失業率，許多是自找的……206
注意職業倫理，別誤踩陷阱……210
把小事情做好是升官的硬道理……213
不怕苦、不怕難，所以成功才可貴……218
低薪時如何保持工作熱情？……224

目錄
CONTENTS

一第五課一　建立達人本事的威望

職業生涯三階段所需能力……230
工作能力的重要性——上班族五項危機……237
從一技在身作為出發點——麵包師傅吳寶春的經驗……241
做一個神乎其技的職場達人……247
一技之長的極致——世界名廚江振誠……251
你的「專長組合」……256
從基層到總經理——總太地產翁毓羚……261

一第六課一　用專業溝通，打遍天下

口語表達I：只要學習、練習，你可以有好口才……266
口語表達II：TED級簡報能力——兼論台、陸版的TED……271

寫贏別人I：觀念篇……277
寫贏別人II：實踐篇……283
英語I：要多說，別害羞……288
英語II：測驗為何輸南韓？——「南韓能，為什麼我們不能？」……294
英語III：多益七五〇分非難事……298
英語IV：閱讀竅門——朱學恆打電動遊戲學通英文……303

第七課　以人際關係發揮團隊合作

公司重視員工的團隊合作能力……310
在上班場所的好生活習慣——習慣決定機會……315
你此生必做的事是什麼？——澳大利亞人賽巴斯汀「此生必做的一〇〇件事」……320
天團五月天關鍵成功因素……324
團隊合作：台灣麥當勞的基本員工訓練……330

自序　對自己有信心，你可以成功的！

二〇一五年非文學書銷量最大的是勵志類的書，聚焦的話，就是職涯相關的書，可見人們關心工作，大於賺錢（個人理財類書）、醫美類（健康減肥瘦身）類的書。

在坊間這麼多同性質的書中，本書是性能價格比（PC值，一般稱為CP值）名列前茅的，我們提供「全套解決」方案（total solution package），值得你花小錢。

1. 目標

由圖可見，讀了本書且執行，你的人生在工作方面應該會「更上一層樓」，這包括挑對行業、能力提升以致職級的提高，最具體的表現在於年薪。

2. 性能來自「好投入，好轉換，好內容」

● 投入與轉換

本書作者碩士畢業後在速食店擔任襄理，從基層作起，迄三十六歲擔任媽媽塔公司總經理，帶領一七〇位員工轉虧為盈。作過一五個全職工作，四個兼職工作。

●內容（產出）

本書綱舉目張，以各行各業成功人士的經驗，套入成功程式（富爸爸十個原則）來說明。讓你可以「依樣畫葫蘆」。

我們挑的都是凡人，「平凡」指的是排除「官二代」、「富二代」，指的是「平民」、白手起家的。我們的想法是：「他（她）們做得到，我們也做得到！」

讀本書且照做的預期效益

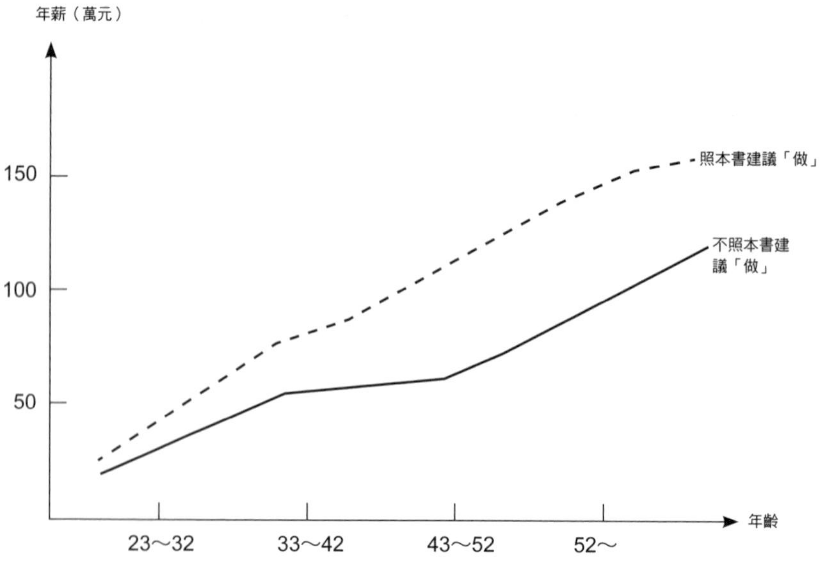

3. 感謝

為了拉近跟你的距離，本書是以「第一人稱」（我）的語調來寫。感謝職場貴人謝政勳、鍾俊文博士等，與真理大學通識中心「職涯發展」課程中努力且有創意的同學。

伍忠賢　謹誌於新北市新店區　二〇一六年二月

第一課

了解就業市場趨勢

1-1 其實你可以不用工作

許多人看了本單元的標題可能想了解有什麼方法可以不用工作卻能「餬口」，終究「不勞而獲」是許多人的心願，「吃不用錢的最好吃」。

一、靠人養四招

由表第一欄可見，依家庭內外層級，有四層來源，有可能可以讓人「躺著幹」。

1. 靠父母養

藝人部智源（簡稱小部）有次在電視節目中說：「我小時的志願是當『敗家子』，但父母不富有，所以當不成。」「敗家子」便是「啃老族」的古代稱呼，英文稱為

「NEET」（not in educating，employment，training），即沒上學、就業或職業訓練的人，俗譯「尼特族」。行政院主計總處推估約十六萬人，佔總人口〇・七％。

2. 靠外人包養

少數女生當妓女，還是有職業風險，這包括被警察查緝、被黑道份子抽保護費，被恩客白嫖、搶劫、乾洗，甚至傳染性病、虐殺。有些「美眉」設法讓金主包養，但是「包養」的保鮮期（一般六個月）有限。二〇一五年六月報紙新聞，有位二十七歲的女子被小富商包養八個月，每月七萬元。小富商嫌她老，不再包養，她下海當流鶯，被警察掃黃掃到，事情才爆光。

3. 被社會養

有個笑話這樣說，在美國紐約市有位年輕人在乞討。

有位路人問乞丐：「你好手好腳，為什麼不去上班？」

乞丐問：「為什麼要工作？」

路人回答：「上班才有退休金，以後才可以不用工作。」

乞丐答：「那我現在就不用工作啦。」

4. 靠國家養

「吃免費牢飯」是狹義的「靠國家養」，偶爾電視新聞會播出一、二人冷血殺一個人的目的只是想「終生吃免費的飯」。

二、有得有失

靠人吃喝，有得就有失。

1.「無法成家」

大概只有在父母有錢情況下，才會容忍「賴家王老五」娶妻生子。其餘情況「不用想了」。

2. 沒有「立業」

沒上班，「這一生就這樣過了」。

3. 風險高

啃老族最大的風險是父母經商失敗，搖錢樹倒了；自己沒一技之長，只好流落街頭「靠社會養」。

表　你可以靠別人養而不用上班的後遺症

一、被「國家」養，純賴吃免費牢飯	1. 只有牢飯是免費的，日用品要花錢買，在監獄中，個人用品（牙刷、牙膏、衛生紙到收音機）皆須自費，受刑人須到工廠、農場（外役監）上工，每小時三十元，才有收入。 2. 刑期有限 有期徒刑結束，受刑人出獄。想回籠，必須假裝再搶劫，被判刑才能入獄。
二、被社會養	1. 當游民 2. 當乞丐 乞丐集團會佔地盤（例如龍山寺、菜市場口），偶爾黑道分子會來收保護費。
三、被人包養	1. 女生 大部分金主對美眉都是「喜新厭舊」，而且女生「天然本錢」的保鮮期是有限的，大抵是三十歲便到。「被淘汰之前」，女生會想方設法向金主「掏錢」，最擔心的是碰到金主「千金散盡」，自己只好下海。 2. 英俊年輕男生（中國大陸稱小鮮肉） 往往會碰到詐騙集團，錢沒賺到，付出5萬元的應徵費、治裝費等。
四、被家裡養	小心父母碎唸，甚至逐出家門。

1-2 人們為什麼工作？

「人」為什麼工作？

本單元先說明經濟學者的說法「太簡單」，企管學者的主張較全面；並說明美國蘋果公司總裁庫克的建議。

一、經濟學者的說法

經濟學者的講法是一般人的講法：為了養家活口，用勞力（這往往是辛苦的）去換薪水。

人是複雜的動物，縱使同一個人，在人生各年齡階段，工作的動機也不一樣。更何況二〇一六年全球七十五億人約有三一・五億人在工作，台灣二千三百萬人中有一千一百萬人工作；人之不同，各如其面。

二、企業管理學者的說法——馬斯洛「需求層級理論」

全球最熟悉的激勵相關理論說屬一九五四年美國學者馬斯洛（Abraham Maslow）的「需求層級理論」（hierarchy of needs theory）。一般是以金字塔型式呈現，本單元以表方式，以涵蓋更多內容。

1. 第一層級需求：生存

在探索頻道的節目「原野求生二十一天」（Naked and Afraid）中，一男一女在野外求生，要搜尋食物才能活著，要搭住處、升火，才能維持溫度、避免蚊蟲叮咬；除非像英國籍求生專家貝爾・吉羅斯，否則野外求生是困難的。原始生活是人生活最單純的情況，在社會上，九成的人都是被雇用，靠薪水過生活。

2. 第二層級需求：免於匱乏的自由

很多人上班力爭上游，以圖升官、薪水增加，希望薪水過生活之餘還有儲蓄，以提前退休或預防被解雇、公司倒閉。

3. 第三層級需求：社會親和

人是社會（群居）的動物，許多人喜歡上班時，能跟人聊天，甚至跟有些同事成為朋友，噓寒問暖，體會到友情等。

4. 第四層級需求：自尊

自尊最通俗的說法是「有面子」，最大層級是國家，例如「出國去比賽，拿冠軍回來」，成為「台灣之光」；其次是「光宗耀祖」；最少「出人頭地」，成為家人的驕傲。

5. 第五層級需求：自我實現

人透過工作，讓自己覺得「有被需要」，活得有價值，甚至有些人透過工作（包括創業），完成人生理想。

三、以鴻海集團董事長郭台銘為例

二〇〇三年起，鴻海公司成為台灣營收最大的公司，二〇一五年破四・五兆元。董事長郭台銘是媒體的寵兒，由表第四欄可見，他預官退伍後，學以致用，在航運公司上班；之後創業，隨著公司盈餘由虧轉盈；他的動機層級也就水漲船高。

四、九成勞工為生活而工作

人究竟是為什麼而工作？二〇一二年行政院主計總處針對四十五歲以上的中高年齡就業者（約四百萬人）抽樣調查，結果如下。

- 自我實現動機佔三・三％；
- 自尊、社會親和動機佔四・八％，問卷題目是「打發時間」；
- 安全、生存動機佔八六・四％，問卷題目是「維持家計」。

這是總的來說，單把雇主、自營作業者挑出來，差異不大。差異較大的是「主管及管理者」、「專業人員」在自我實現動機佔一五・八％、一〇・五％，即理想性較高。

表　工作的「得」與「失」

人的層面	工作的「失」	工作的「得」	以鴻海集團董事長郭台銘為例
靈		馬斯洛的「需求層級理論」	
	工作挫折會讓自己 1.失去自信 2.不快樂	第五層級自我實現，俗稱志業（calling）	1998年起，訂下「鴻圖大展」的目標
心	精神的苦，加上「身疲」合稱身心俱疲，包括 1.被顧客罵 2.被主管、同事罵，包括霸凌、性騷擾；業績壓力	第四層級自尊，俗稱事業（carrer） 第三層級社會親和	1990年公司股票上市
身	身疲 1. 三班制最苦，內分泌無法調適，有損健康 2. 工作危機 3. 工作太累，包括加班、工作太操（尤指體力工作）	第二層級安全：偏重身、心（尤其是情感） 第一層級生理：偏重活著 這兩層級俗稱「工作」、職業（jub）	1974年2月～1979年公司從虧損到賺錢，到1980年轉型 1973～1974年在復興航運公司擔任業務人員

1-3 為什麼要做工作規劃？

下班後，你跟朋友要去吃飯，你會做什麼事？

下個月，你跟家人出國旅行，你會做什麼事？

這些問題的答案，大都是「上網搜尋」、「問朋友」等。人們對於不確定的事，總會想方設法降低「不確定」程度，以免意外（例如出國旅行碰到下雪）對自己不利。

針對吃頓飯、出國玩五天，我們都會設法掌握，更何況是人生大事之一的工作呢？那什麼情況下，不用未雨綢繆呢？換個類似問題：「什麼人不用學投資或個人理財呢？」答案之一是「錢八輩子都花不完的人」，這種人僅佔總人口的一％。同理，絕大部分，終其一生勞碌工作，費盡心思，頂多「小有結餘」；要是多走錯幾次路，那甚至會因為入不敷出，只好「拖著老命」做。

一、一生平順工作，薪資僅夠過平常生活

八成以上的人上班的目的是為了「養家活口」，你有想過，大學畢業（學士或碩士）上班後，一生的薪資收入與支出有多少嗎？

從開始上班到退休，一生工作約三十五年，薪資多少？

從單身到結婚、生小孩（一位），到終老（八十一歲），這五十八年的支出多少？

你可以先偷看後面的答案，男生一生薪資收入二六〇四萬元，家庭支出二八二一萬元，至少不足二百萬元，這有二個涵義。

- 婚後，太太便找時間工作至少五年，以貼補家用。
- 丈夫要很努力兼差，或花時間買股票型基金，以投資盈餘來改善家庭生活。

二、大學畢業後一生收支的基本假設

工作對絕大部分人來說是手段，生活才是目的；男人藉上班以賺錢買「麵包」，以養家活口。

以一位大學畢業、退伍後開始上班的上班族，且住台北市或新北市，開展婚姻生活。

- 男生三十二歲結婚、女生三十歲結婚
- 生一位子女，婦女生育後，基於好好照顧子女、育兒費高、職場的「不公」（例如因加班、出差意願低，升遷變慢），只有一半人繼續上班，婦女勞動參與率〇・四九。一旦一人負擔家計，就六十歲退休，夫妻健康好，不需聘請外籍看護士，房屋貸款還清，且沒有子女的負擔。另外，假設勞工保險不會倒，勞動部勞工保險局估計，勞保約於二〇二八年破產，假設政府編預算來補破洞。

三、你一生的薪水收入

行政院主計總處每個月會公佈平均每月薪資（把年薪除以十二個月），大學學歷勞工六・二萬元，假設一生工作三十五年，一生薪資收入二千六百萬元。

此處退休後的收支單獨計算。

表中第四欄的「先生勞工退休收入有兩項，以平均投保金額來看，每個月可領到一・四五萬元（這項隨物價指數往上調）、〇・三萬元，小計一・八萬元，另太太的國民年金〇・四萬元。

假設夫退休後，夫妻過著中等水準生活，每月二・六萬元，減掉退休金收入二・一五萬元，每月不足〇・四五萬元，必須在退休前稍微打算。

四、你一家的生活支出

你一家的生活支出約二八二一萬元（退休後只計算超過退休金收入部分，一〇八萬元），為了簡單起見，表中分成三個階段，主要是依人口數來區分，在先生三十一～六十歲這階段，我們採取「大項」單獨計算方式。

- 住：一〇四一萬元，買屋六九四萬元、二十年還息三四七萬元（房貸利率二％）；
- 行（汽車）：二百萬元，這包括買車的使用成本；
- 育：只考慮一位小孩，在十二年國民義務教育情況下，養一位小孩到大學畢業，約二百萬元，主要支出在唸大學，有位私立大學畢業生有記帳，一年學費、生活費各約十萬元。

表　23～80歲的現金收支

⑴ 收入	6.2萬元×12月×35年＝2604萬元
⑵ 支出 （含退休後不足處）	192萬元＋2521萬元＋108萬元＝2821萬元（詳見附表）
⑶ ＝⑴－⑵	2604萬元－2821萬元＝-217萬元

年齡 人數	23～30歲 1人（自己）	31～60歲 3人 （但子女單獨算）	61～80歲 2人
食衣住行育樂	2萬元×12月×8年	夫妻食衣樂 3萬元×12月×30年＝1080萬元 1041萬元 汽車200萬元 子女一位200萬元	假設月支出2.6萬元 1. 先生勞工退休金兩項 • 勞保 2. 76萬元×35年×1.5%＝1.45萬元／月 • 勞保年金0.3萬元 2. 太太有國民年金0.4萬元／月 每月不足0.45萬元／月 0.45萬元×12月×20年＝108萬元
小計	192萬元	2521萬元	108萬元

1-4 多算勝，少算不勝，何況不算？

「男怕選錯行，女生嫁錯郎」，男人一生工作三十五年，幾乎佔人壽命的一半，對沒有橫財（指的是投資的獲利）的上班族來說，薪水將決定一生的生活物質水準，甚至影響自己的健康（包括壽命）、太太與子女的前途。本單元說明。

一、精神勝利法有用嗎？

——知足常樂是否真的可以很快樂？

針對「房價高，物價高，薪水低」，有些宗教人士建議信徒降低欲望，人生就不會有購物支出動機，錢就夠用。

1. 最好安貧樂道

惟有放棄物質生活的享受，才足以提升精神生活層面。

2. 至少知足常樂

吃飽穿暖便該知足，錢是身外之物，生不帶來，死不帶去。最大的人生哲理是「快樂也是一天，憂愁也是一天；看你怎麼想」。

當單身時，也只有像唐宋八大家之一的歐陽修才能做到「不以物喜，不以己悲」。縱使自己「老僧入定」，但人有父母、妻小，都要過日子，因此像春秋時孔子的弟子顏回「一簞食，一瓢飲，而回也不改其志」終究是百萬分之一。

二、收入跟健康的關係

有人說「金錢買不到健康」，但經濟學者、公衛學者引用各國數字，指出人的所得越高，較健康且壽命較長（內政部統計：二〇一四年各縣市居民壽命跟所得分配相近，台北市八三歲，台東縣七五歲），原因如下。

1. 窮人易生病

一般中低、低收入家庭，為了取得足夠熱量、蛋白質，大抵會買高糖、高油（例如五花肉、焢肉是其衍生）食材，甚至外食，這些易使人三高（高血壓、高血糖、高血脂）；收入高低跟健康呈正相關，「貧病交迫」就是形容此情況。

2. 窮人壽命短

中低收入戶壽命短的原因至少有三：營養失衡、過勞（這二者造成健康差且易生病），再加上騎機車，十個死亡車禍中有七成是騎乘機車，肉包鐵的輸給「鐵包肉」的開汽車的。

三、收入跟家庭的關係

男人的所得和財富決定其家庭兩件事，一是會不會有女人會嫁給他，二是女人的水準（年齡、學歷、健康狀況甚至美醜）。

1. 女人擇偶的現實考量：三高

探索頻道（Discovery Channel）花好幾集探討動物、人類中的女性擇偶大都為「物質」導向。以女人來說，找個金龜婿，圖的是自己和子女生活無虞（詳見Unit 1-2）馬斯洛「需求層級理論中的安全動機」。大部分國家女人擇偶條件都是三高，「年齡高」、「學歷高」都只是達到「收入高」的手段，身高高令女人有安全感。

2. 幸福是有價的，在台灣家庭年收入一四五萬元以上

二〇一五年，美國學者作了一個調查，家庭年所得十一萬美元較幸福。太少，則缺衣少食；太多，則工時過長，工作跟家庭不能兼顧。依匯率（二〇一六年，美元兌三三元），約三六三萬元。

台灣的所得水準約是美國的四折，依此看來，台灣家庭年所得一四五萬元；平均月收入十二．一萬元，對單薪家庭來說，四十五歲約只有二成（詳見Unit 1-9），要夫妻兩人都上班，才比較可能達標。

3. 有沒有房子是分水嶺

看探索頻道，許多國家有織巢鳥，母鳥會以公鳥築的鳥巢是否牢靠、安全來挑公鳥。原來，母鳥孵蛋，很怕蛇等掠食動物來入侵，因此築巢築在樹枝上，巢的開口要朝下。

由於全台的房價所得比八・五倍，北部遠高於南部，台北市二〇一五年是十六倍，白話的說「不吃不喝十六年才能買房」，這地方的「平均所得」是指所有上班族。年輕人、輕熟男薪水較低，房價所得比二〇倍以上。

四、《今周刊》的調查反映現實生活

二〇一五年七月，《今周刊》公佈上班族快樂程度調查，貼切反映出上班族的生活、工作壓力。

1. 快樂人數佔三分之一

受調查的人中覺得快樂的佔三四・三％，比「不快樂」的二九・八％略多；「普通」佔三五・九％。

2. 快樂殺手

由表第二、三欄可見職場上第一快樂殺手是「薪水低」（佔五一・九％），對應到生活快樂第一殺手是財務壓力低（佔五六・七％）

這個調查有個跟Unit 1-2一致的結論，在表中生活面的不快樂第二原因是「人生達不到夢想」（佔三四・六％）、「人生缺乏目標」（三〇・四％），二者相加超越「財務壓力大」。似乎推論上班族很看重此生的人生意義，不像祖父母那一代只要「傳宗接代」便算「有交代」了。

第一層	職場上	生活上
一、快樂34.3%	包括「非常快樂」、「有點快樂」	
二、普通35.9%	談不上「快樂」或「不高興」，可說「無感」	
三、不快樂29.8%	薪水低51.9% 工作壓力大42% 工作缺乏熱情34.3%	財務壓力大56.7% 一直達不到夢想34.6% 人生缺乏目標30.4%

*資料來源：整理自《今周刊》，2015年7月27日，第121頁。

上班族快樂程度調查小檔案

- 期間：2015年7月
- 對象：上班族
- 地區：台灣
- 主辦公司：今周刊
- 調查方式：網路問卷，透過波仕特線上市調公司
- 調查結果：41～50歲的人72.7%對快樂最無感

1-5 台灣就業市場的供需數量

準備就業、找工作與換工作，最好先了解大環境，本章從「量價質時」四項依序討論。

一、二〇一六年起，每年少十萬勞動人口

——低失業率，且缺工是常態

二〇一六年，台灣失業率約三．九%，約四十三萬人失業；失業率低跟經濟成長率（一．五%算低）、薪資無關，而是缺人手，以致工作機會多。

1. 二〇一八年起人口減少

由於少子化緣故，人口數在二〇一八年達到高峰，之後逐漸減少，詳見圖一。

2. 二〇一六年起每年勞動人口少十萬人

少子化對勞動人口的影響在二〇一六年起出現「每年少十萬名勞動人口」，詳見圖二。

二、從經營環境來看

以勞工供需數量來說，是供不應求。但從各行各業來看，則有「幾家歡樂幾家愁」情況。媒體喜歡引用美國、台灣人力銀行等的調查，例如「十大看好職業」。

本書從公司經營環境（詳見表第一欄）來區分工作機會「增加」與「減少」行業，勞工針對「後者」，可說是「危邦勿入，亂邦勿居」。

圖一　台灣的人口數

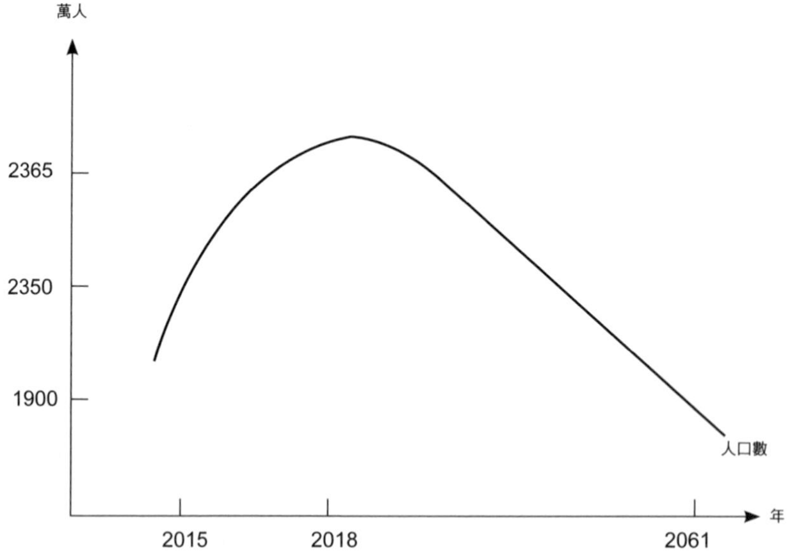

圖二　勞動人口依國籍分

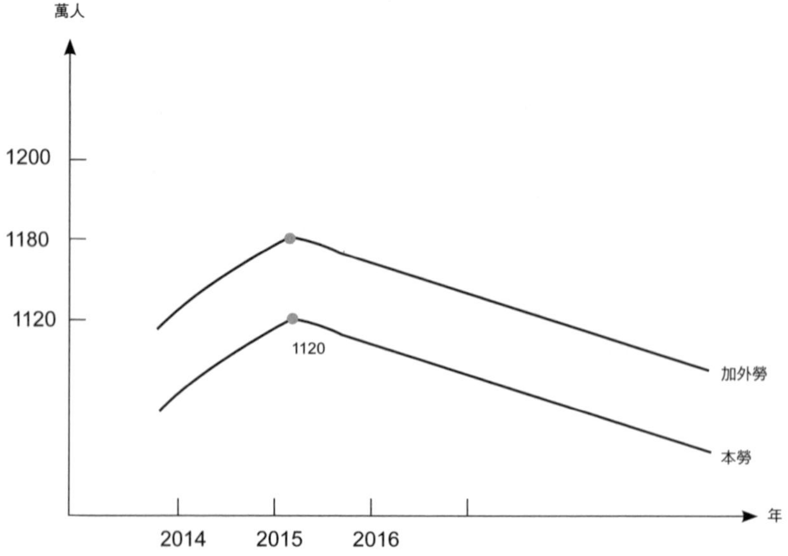

路易斯轉折點（Lewis turning point）勞動需求＞勞動供給

表　經營環境對工作機會的影響

增減 經營環境	減少	增加
一、政治法令		
1. 政治		
2. 法令		
二、經濟人口		
1. 經濟		1. 觀光業 ● 遊覽車司機 ● 餐廳、旅館員工 ● 其他
2. 人口	「少子化」 1. 學校：從幼兒園到大學 2. 用品：嬰兒服裝	1. 「老年化」 俗稱銀髮商機，主要是長期照護 2. 「單身化」
三、社會文化		
1. 社會	唱片業	演唱會
2. 文化	文字（平面出版）：書、報紙、刊物	網路新聞、影集（中國大陸稱為視頻）
四、科技		
1. 資訊、網路	電子媒體	銀行3.0、大數據 APP設計
2. 工業4.0	體力工人	3D列印

1-6 機器搶走你的工作
——SWOT分析中的威脅

搶走台灣（或各國）人工作的不是外勞與外傭，更不是中國大陸與東南亞的勞工，至少內需產業的勞工主要的威脅是機器，二〇一四年起，它有了新名詞，稱為「機器人」。

由於科技（尤其是人工智慧）進步，機器取代人能做的事越來越多，因此把Unit 1-5中表中的「科技」單獨在此詳細說明。

一、機器人是工作機會最大的破壞者

「工作破壞」中的「破壞」指的是「一去不回」，這對勞工可說是被機器取代了。

1. 全球趨勢

由表一可見，美國波士頓顧問公司估計美中歐到二〇二五年，機器人取代二五％勞工。二〇一五年一二月，日本野村綜合研究所估計日本二〇三五年四九％。

2. 依產業區分

工業機器人多的產業依序有三，這項趨勢二〇一三年起德國稱為「工業四・〇」，本意是指第四次工業革命，中國大陸也提出「二〇二五年工業製造強國」（陸版工業四・〇）計畫，很多都是機器人驅動的。

二、依職業區分

科技給勞工帶來「危機」與「轉機」，這是兩件事。

1. 工作減少

由表二第二欄可見，二〇一三年由兩名英國牛津大學教授發表的研究報告列舉七百項

表一　機器人取代人工的趨勢

項目	二〇一五年	未來
1. 機器人取代工作比率*（單位：%）	10	2025年25
2. 產業**（單位：%）	比重 汽車33、電子10、 化學、橡膠與塑膠9	
3. 機器人數量**（萬台），每100萬位勞工中	(1)（歐盟五國）：31.1 (2)（北美）：23.7 (3)（中國大陸）：18.2.	2017年 (1)（歐盟五國）：34.3 (2)（北美）：29.2 (3)（中國大陸）：42.8

可能被電腦取代的職務類別。這類預測多如牛毛。

這方面最著名的是美國作者馬丁・福特，他的書《被科技威脅的未來》，二〇一五年一一月得到《金融時報》「二〇一五年最佳商業書獎」，他認為人工智慧與機器人會大量取代「每一種工作」。

2. 新增加工作機會

由表二第三欄可見，新興科技會創造新的就業機會，跟得上潮流，可衝浪；跟不上潮流，成為「浪下波臣」。

表二　機器取代人工的新興工作

知識密集度	被取代工作	新興工作
一、高度 1. 三師	外科醫生與醫護人員 律師 會計人員	達文西醫療手術機器 電腦記帳
二、中度	新聞工作者 （記者、編輯）	網路新聞 （例如Reddit）、 節目（例如YouTube）
三、低度		
1. 顧客服務中心 （call center）	• 專業救災人員 • 房屋仲介 • 旅行社人員	• 網路看屋 • 以自助旅行取代旅行和套裝行程
2. 其他	• 行政祕書 • 職業駕駛 • 電話接線生 • 收銀人員	• Siri等語音軟體程式撰寫人員 • 2025年起，無人汽車導入 • 自助結帳櫃枱

*資料來源：整理自《經濟日報》，2015年6月13日，專10版，孫淑瑜；2015年4月25日，專6版，黃智勤。

1-7 就業市場的價格：薪資水準

勞工關心「有沒有工作機會」（詳見Unit 1-5、1-6）、「薪水多高？」本單元回答。

一、總體來說

二〇〇〇年以來，台灣經濟成長率進入中低速（五%）成長，水不深，船位就不高。

1. 名目薪資水準

由圖一來說，受雇員工「平均」（把年收入除以一二個月）薪資約四萬六千元，其中大學學歷以上六萬二千元。

2. 實質薪資水準：停留在一九九九年生活水準

「什麼都在漲，只有薪水沒漲」，這句順口溜貼切說的名目薪資扣除物價後的實質薪資水準，已跌到一九九九年的水準，對於這個現象，二〇一五年七月來台灣訪問的美國前聯準會主席柏南克表示「相當驚訝」，他認為，台灣的經濟成長率比人口成長率還要快，所以實質薪資應該多少是會有成長。（摘自《中國時報》，二〇一五年七月一七日，A1版）

圖一

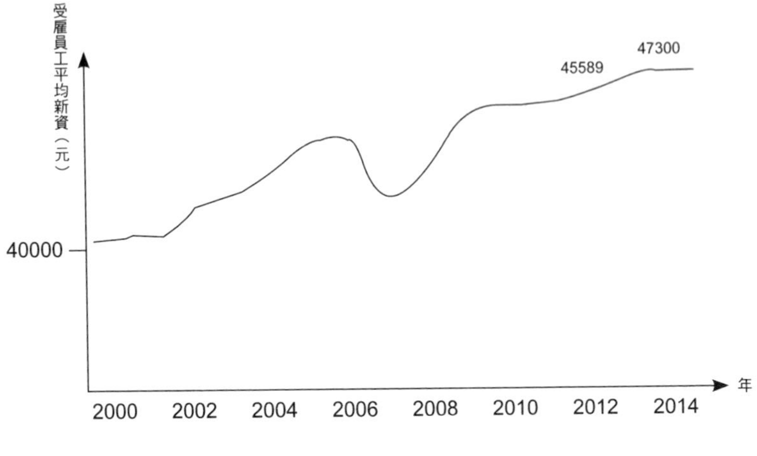

二、依產業來分

依各行各業來看薪資，由圖二可見，

1. 工業較高

工業中的電力燃氣業（主要是中油、台電與欣字輩瓦斯公司）因屬壟斷、寡占行業，有超額利潤，因此年薪最高；其次是電子業，俗稱電子新貴。

農業五五萬人，收入很低。

2. 知識密集工作薪水較高

動腦的行業薪水較高。

圖二　台灣的產業與行業的薪資狀況

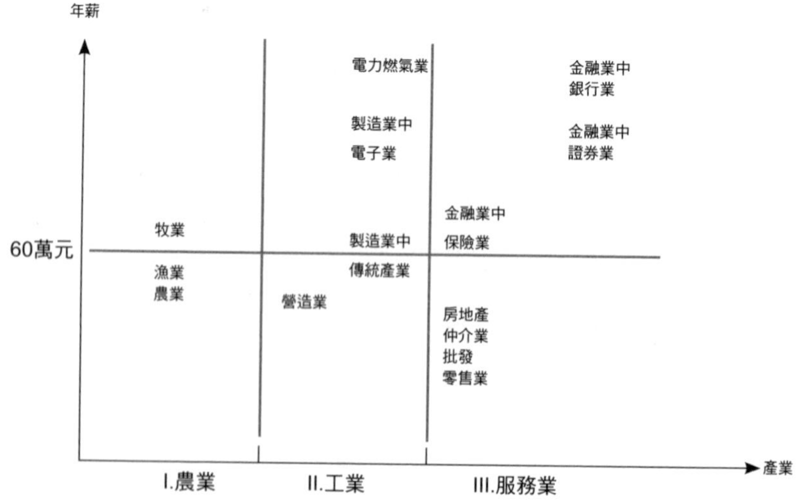

佔總產值比率	1.3	34	65.7
佔雇用人數比重	5	37	58

3. 依年齡來分

二〇一五年七月，行政院從財政部財稅中心的報稅資料，針對薪資與員工分紅的「總收入」，在五百萬人中，一半以上勞工年薪低於五十萬元，這包括兩種人，詳見表。

- 社會新鮮人；
- 四十~五十歲的中高年齡層。

表　受雇員工平均薪資　　單位：%

萬 / 年齡	25以下	20～100	100以上
65以上	32.24	54.76	12
60～65	19.77	58.26	21.96
55～60	18.06	63.15	18.8
50～55	18.33	64.62	17.04
45～50	18.25	64.05	17.08
40～45	16.6	66.66	16.74
35～40	15.81	72.02	1218
30～35	16.79	76.94	6.27
25～30	19.87	77.8	12.3
25以下	51.05	48.84	0.11

*資料來源：行政院

上班族各年齡層薪資調查小檔案

- 期間：2012～2014年
- 對象：勞工，不包括兼差者
- 地區：台灣
- 主辦公司：行政院
- 調查方式：1. 所得稅申報，每年約484萬筆
  2. 勞保資料
- 調查結果：● 平均年薪58萬元
- 年薪55萬元以下，佔65%

1-8 人力短缺的量與質

二〇一二年起，媒體大篇幅報導台灣人才、人力不足。

- 人才外流（brian drain），主要是中國大陸等高薪挖角；
- 學用落差大，大學、碩士與博士失業率高，而工業中的製造業缺「技工」、「技師」。砲火指向一九九三年起普設大學以致高工（含高職）畢業生八九成唸大學，作業人員人力不足。

一、外來和尚唸的經

1. 二〇一二年，美商韜睿惠悅顧問公司

二〇一四年英國牛津研究機構，與人力資源管理顧問韜睿惠悅所發表的國際人才報告《全球人才二〇二一》，指出台灣在二〇二一年，成為全世界人力供需落差最嚴重的國家。

2. 二〇一五年瑞士洛桑市國際管理學院調查

每年一一月二一日，瑞士洛桑市國際管理學院發佈「世界人力報告」，六〇國中台灣名次由二〇一〇年第一九名，年年下滑，原因主要在表一中第三項。有七成是針對全球企業進行調查。二〇一五年，排名上升四名，成為二三名，亞洲中第一的新加坡排名第十名，日本二三名、韓三一名、中國大陸四〇名。

二、我們的看法，「正常的啦」

看著這些調查，對勞工來說，好似滿地都是工作機會，但仔細看，我們的看法詳見表二第三欄。

1. 缺工問題只能靠機器人、外勞解決

服務業中勞力密集行業（餐飲、飯店、零售、照護看顧業）缺工主因是薪水低、「工作單調」，這部分大都靠服務型機器人、外傭（約二三萬人）解決。至於工業中的製造業缺工則靠機器人、外勞（約三六萬人）解決。

2. 新興行業有機會

詳見Unit 1-5。

3. 缺中高階人才

這部分進入門檻高。

《全球人才2021》報告小檔案

- 期間：2012年
- 對象：總體經濟資料
- 地區：全球46個國家
- 主辦公司：英國牛津大學研究機構與美國韜睿惠悅企管顧問公司
- 調查方式：經濟計量模型

全球人才短缺調查小檔案

- 期間：2013年，起編時間2005年。
- 對象：以台灣來說，1048家公司人資部
- 地區：42國家和地區，合計41,700名公司人資部主管
- 主辦公司：萬寶華（Manpower Group）
- 調查時間：每年6～7月
- 公佈時間：每年7月29日左右
- 調查結果：台灣服務業亟需中高階管理人才，資訊科技業欠缺基層技術員與網路人才，尤其是電子商務方面的專才；工程與營造業則缺基層技術人力等。

表一　2014年IMD人才競爭力排名

	人才競爭力總排名	投資與發展人才	吸引與留住人才	人才準備程度
新加坡	16	31	19	6
香港	21	33	25	10
台灣	27	27	30	25
日本	28	18	24	45
南韓	40	43	50	37
中國大陸	43	45	40	50

註：受評比國家計有60國

*資料來源：國發會摘自IMD

表二　台灣徵才難度調查與本書看法

產業結構	萬寶華公司看法	本書的看法
一、服務業 1. 知識密集		這部分少數產業會缺人，例如醫生中的五大科（外科等）
2. 勞力密集	• 餐飲業 • 保險業、房地產仲介等 • 飯店、零售業 • 照顧看護業	工作單調、工時長 這兩個行業處於成熟期，甚至衰退期。大部分保險業員工甚至沒底薪。 工作單調（主要是房務部）、薪水低 薪水低，台灣靠22萬位外傭撐著
二、工業 1. 技術密集	製造業缺乏向消費者與企業客戶進行銷售的業務人才。	
2. 勞力密集	缺「技工」（俗稱黑手），包括營造業	美日等都缺，主因是「社會地位低」、「辛苦」，台灣靠36萬外勞撐著
三、農業		

1-9 就業市場的「時」

分析就業市場的「量價質時」，我們把就業型態分在「時」中。可以依身分、雇主身分分成二層。

一、第一層：老闆VS.員工

一千一百萬位勞動人口中，扣除四三萬人失業，一〇六〇萬人就業，依據勞資身分分成兩大類。

1. 資方，佔勞動人口約二成

「吃自己」的工作主要分成兩類。

- 公司董事長等（俗稱老闆）；
- 自營作業者。

由表可見，自營作業者主要是農民、攤販與甦活族。

2. 被雇用的勞工，佔勞動人口約八成

勞動人口中約八二%是「吃人頭路的」、「打工仔」。

二、第二層：勞工依雇主身分區分

勞工依雇主身分區分為兩塊。

1. 吃公家飯的軍公教

一般來說，政府雇用的軍公教人員，平均薪水較高（含退休金）且就業較有保障（俗稱鐵飯碗），因此有許多人想考「公職」。

2. 吃公司頭路的勞工

公司雇用員工以便「賺錢」，公司包括公營與民營兩種，公營企業薪水高且較有保障，因此有許多勞工想鑽這個「窄門」。

三、第二層：正職員工VS.非典型就業

勞工依雇主、工作時數等可粗分為兩類。

- 正職勞工約八二四萬人；
- 非典型就業約七八．一萬人。

非典型就業約佔本國籍就業人口八％，比日本二〇％等低很多；其中「派遣工」大部分是由「人力派遣公司」派出，許多是「打零工」，長期雇用主要是公司清潔工、警衛、大廈管理員等。

表　台灣勞工上班型態

單位：萬人

就業身分	人數	補充說明
一、資方 1. 雇主 2. 自營作業者	200 60 140	台灣的公司數約60萬家
(1) 其他 (2) 攤販 (3) 農民	37 48 55	俗稱甦活族（SOHO），以接「案子」（case）為主
二、受僱員工 1. 軍公教 2. 公司 (1) 公營企業 (2) 民營企業 3. 其他	900 105 725 70	其中非典型就業約78 ● 派遣 ● 兼職（part-time）主要指計時工作人員，大部分是學生、家庭主婦、高齡就業者
合計	1100	

1-10

職場能力量表

每次電視新聞討論兩岸空軍戰鬥機軍力比較，總會列出下列數字，依序是中國大陸、台灣。

- 價：一千萬美元比三千萬美元；
- 量：一千架比三百架；
- 質：（空對空飛彈）二比四；
- 時：時速一・五馬赫比一・六馬赫。

單打獨鬥，台灣的戰鬥機（美製F16、法製幻象二千）似贏過中國大陸戰鬥機（例如殲十一），但以價量來說，中國大陸以量取勝。

兩岸的勞工的職場能力比較，是媒體關注焦點，本單元以伍忠賢提出量表說明。

一、職場能力量表

公司用人是看一個人全面的總和，這包括三大類、六中類、一小類，以一百分為總分來衡量。

1. 基礎：孔茲的管理者三類能力

在大一管理學書中，最常引用的管理者應具備的能力分類是美國學者孔茲（Robert L．Katz）一九七四年九、十月於《哈佛商業評論》月刊上「有效管理者的技巧」的文章，詳見表中的三大類能力，為了方便記憶起見，由上往下依序是「處事」（觀念能力）、「待人」（人際關係能力）與「接物」（專業能力）。

2. 職場能力量表

我們以孔茲的分類為基礎，繼續深化（中分類、小分類），並且給予權重（註：表中權重是針對大公司副理、經理級此一中階主管）。越往高階，觀念能力比重提高，技術能力比重降低。

二、以三十五歲的中低階主管為比較對象

職場工作三五年，有少數研究指出三五歲是分水嶺，以Unit 1-4中的四〇歲以上的勞工來看，一七％「高薪」、六六％「中等薪資」，一七％「低薪」。

三、專業能力佔五〇％

課長到襄理這低階主管，一個人約管一〇～二〇人，負責最底層的作業。

1. 專業技能佔三五％

低階主管的專業能力（原文為技術能力）佔單一能力中最重要，在一個獨立旅的軍隊中大抵是連長到排長的位置，必須親上戰場，要有率兵作戰能力，才不會「外行領導內行」。

專業技能包括兩小類。

(1) 專業技能佔二五%

專業技能來自兩部分：學校教育（佔總比重八%）、職場歷練（佔總比重一七%），二者比例約為一比二。

(2) 工作意願佔一〇%

敬業態度包括：執行力（俗稱使命必達）、職場倫理（尤其指公司忠誠），最具體的便是不洩密。

2. 表達能力佔一五%

「表達」的對象指對內部（尤其是對上開會、對部屬命令）、對外部（尤其是對顧客）。表達能力分成兩小類。

(1) 語文

「語文」這包括口語與文字（書寫），語言基本的是本國語（俗稱國語、華語），外國語主要指英語。

國文、數學、科學能力的客觀衡量方式之一勉強的有高中生PISA指標。

英文能力客觀衡量有二，針對就業的是「多益」，台灣五三三分，在亞洲工業國家中敬陪末座。

(2) 電腦簡報能力

最基本的電腦簡報軟體是Power Point。

表　職場能力量表－單論台海35歲勞工

能力種類	比重	1～2分	3～4分	5～6分	7～8分	9～10分
一、觀念能力	25	（conceptual skills）：「處事」				
1. 決策能力	15		台	陸		
(1) 國際觀	5					
(2) 歷練	5					
(3). 膽量	5					
2. 創意	10		台	陸		
(1) 學習力	5		陸	台		
(2) 創意	5					
二、人際關係能力	25	（human skills）：「待人」				
1. 團隊合作	15		陸			
2. 情緒管理	10		台			
(1) 成就動機	5		台陸	陸	台	
(2) 逆境商數	5					
三、專業能力	50	（professional skills）：「接物」				
1. 專業技能	35					
(1) 大學	8		台	陸		
(2) 職場	17			陸	台	
(3) 敬業能力	10		陸	台		
2. 表達能力	15					
(1) 中文	8			台陸		
(2) 英文（以多益為例）	3		台500～600分	陸600～700分	700～800分	800分以上
	4					
(3) 電腦				台陸		

Ⓡ伍忠賢

1-11 兩岸三十五歲員工職場能力比較

限於篇幅，本單元說明Unit 1-10中，兩岸上班族在人際關係、觀念能力的評分。

一、第二大類能力：人際關係能力佔二五%

公司與個人擺販最大的不同是，公司至少是二人以上，因此必須求「人和」才會「政通」。

1. 團隊合作能力佔一五%

- 樂與人分享能力、功勞
- 同理心、團隊精神

2. 情緒管理能力佔一〇%

(1) 成就動機佔五%

成就動機的滿分常以美國人為代表，看似「攻擊性」（aggressive）較高。純以財務因素來看，二〇一五年，台灣「人均總產值」（人均GDP）約二一五〇〇美元，比中國大陸八千美元高；許多中國大陸上班族為了「脫貧」、「致富」的動機平均比台灣上班人士高。

(2) 逆境商數佔五%

逆境商數（adversity quotient），就是常見的「抗壓力」，最極端的是「屢敗屢戰」，這項假設台海人士平分秋色。

- 台灣的刻板印象是「抗壓性低」的草莓族；
- 中國大陸的刻板印象是一胎化後被寵慣的「小皇帝」、「小女皇」。

二、第三大類能力：觀念能力佔二五%

公司老闆付薪水給員工，最基本的便是「解決問題」，也就是俗語所說：「拿人錢財，與人消災」。

1. 決策能力佔一五%

(1) 國際觀佔五%

(2) 歷練佔五%

(3) 膽識佔五%

2. 創意能力佔一〇%

(1) 學習力佔五%

「問渠那得清如許，謂有源頭活水來」，創意的基本來自於「學習」，先會「抄」才會「超」，即「青出於藍而勝於藍」。

以上班族的學習方式來說，有自學、公司員工訓練（例如一年訓練時數），以「自學」中的讀「書」冊數來說，台灣一年約讀二．四本，跟其他國相比，算少的。這個「書」的定義無所不包，取其「開卷有益」。

(2) 創意佔五%

在大學、職場，台灣上班族的創意略高，主因有二。

● 大學養成

中國大陸的大學比台灣「填鴨教學方式」程度還高。

● 職場要求

由於台灣經濟發展較早（即「聞道有先後」）、競爭激烈促使「出奇致勝」，所以在工作時，上班族必須有巧思。

三、專業能力與性格皆不足

「No man's opinion is better than his information，-Paul Gelly」上述台海兩岸的比較，以二〇一五年台灣社會新鮮人的調查來說，結果是「令人憂」。

新鮮人第一次工作就上手調查小檔案

- 期間：2015年10月
- 對象：公司
- 地區：台灣
- 主辦機構：勞動部勞動力發展署
- 調查方式：問卷
- 調查結果：4成以上企業認為新鮮人工作穩定性差，導致離職率高。新鮮人工作表現待加強的項目如下：抗壓能力（52.23%）、獨力作業（34.15%）和解決突發問題能力（28.07%）。

第二課

盤點你的欲望、野心與志向

2-1 職場成功的關鍵成功因素

二〇一五年八月起，機車路考多幾個項目，及格率大減；許多人尋找「眉角」、「竅門」，以求一次過關。對一次考試，人們如此費心。在職場中，工作至少三〇年，至少換三個工作，縱使同一家公司，也歷經許多職位。這跟考試一樣，及格就過關，可以上路；不及格就只好重考。

那麼職場「關鍵成功因素」（key successful factors），重點在於「關鍵」兩字）是什麼？複雜的事，沒有簡單的答案；本書想以下列一個標準的職場來說。

一、一個標準職場成功的設定

「職場」的範圍很廣，例如。

● 依創業與否：分為雇主（含自營作業者）與勞工，詳見Unit 1-9；「雇主」身分有許多是父母遺傳，因此本處只討論勞工。

● 依職位：縱使在公司，有些職位太專業導向，尤其是電子公司研發部（主要是電機、材料）。

本書尤其是本單元的職場成功，「職場」是以一般公司為對象，「成功」是指三〇歲擔任經理、四〇歲擔任協理、五〇歲擔任副總經理為理想；由於各行業薪資水準不同，暫不以年薪為標準。

此外，有些幕僚職沒有「理」字輩頭銜，但有職級對照表，其道理相近。

由表可見，我們先把職場成功因素分成兩大類，運氣與操之在己。

1.「操之在己」是職場贏家的必要條件，約占八成

「人生掌握在自己手上」，我們把職場成功八成原因歸於「操之在己」，這主要包括人的「能力」（能做）、「努力」（想做與有做）。

2. 運氣（包括機會）是充分條件，約佔二成

人的際遇有些受大環境影響，有些人以「萬般不由人」來形容，指的便是「不可抗力

因素」。人會因為「生不逢時」、「遇人不淑」等因素，以致「懷才不遇」，但人可以「用腳投票」，人可以「另起爐灶」，更換環境，仍會有一定的成就。

「運氣」中有一項指的是「家庭」，尤其是指自己是「官二代」、「富二代」，含著金湯匙出身的人，「贏」在起跑點，即表中小分類中「學校」（佔六分）；在「運氣」中的父母因素佔五％。父母的只占五％，你可見，我們相信「龜兔賽跑」的寓言。

三、中分類：以「操之在己」為例

「操之在己」有兩中類因素，一是能力（佔五〇分）、一是努力（佔三〇分），二者關係是相乘的，以兩位二二歲的職場新鮮人為例。

陳先生能力二〇分，但「勤能補拙」，戰力五〇〇分；比李先生還高。

能力×努力＝戰力		
項目	李先生	陳先生
(1) 能力	40	20
(2) 努力	10	25
(3)＝(1)×(2)	400	500

四、小分類：以專業能力中的專業技能為例

專業能力分成三小類（詳見Unit 1-10）本處僅討論其中大家重視的「專業技能」（佔二五分），這項在初入職場時的重要程度高，但隨著職務升遷，人際、觀念能力比重提高。

本處聚焦在「專業技能」，這來自：

1. 學校習得的知識，佔四．四％

大學四年，頂多加上碩士兩年。

2. 工作習得的「技能」，佔十七．六％

許多人「邊作邊學」，比喻「社會大學」，三〇年比大學四年（頂多六年）多太多了。

表　一般公司員工關鍵成功因素評分表

大分類	中分類	小分類	所得級距20%以下	21～60%	最高20%
一、運氣佔20%	1. 自闖佔15%	⑴ 自找	✓	✓	
		⑵ 天降	✓	✓	✓
	2. 父母佔5%	⑴ 給錢創業			✓
		⑵ 給人脈進公司			✓
二、操之在己佔80%	1. 努力佔30%				
	2. 能力佔50%	⑴ 觀念能力佔15%	• 創造力佔5%		
			• 決策力佔10%		
		⑵ 人際能力佔10%	• 先天：尤其是來自父母的人脈		
			• 後天佔7%		
		⑶ 專業能力佔25%	• 表達能力佔3%		
			• 專業技能佔22%		
			• 工作佔17.6%		
			• 學校文憑與分數佔4.4%		

2-2 操之在己的職涯成功十堂課

大部分人們都希望成功立「業」，因此這方面的書如過江之鯽，以二〇一五年來說，台灣非文學類的書銷售第一名的類別是「勵志」類，勝過「理財」類，職場成功的「正財」勝過「財務投資」的橫（或偏）財。

只要是問題便可套用「問題解決程序」，在企管中稱為「管理活動循環」，即「規劃—執行—控制」，英文稱為「PDCA」。

為了跟你拉近距離，我們把三大類管理活動下的中分類活動，以美國著名作者羅伯特・清崎著《窮爸爸富爸爸》一書，淬取出「富爸爸十個原則」，詳見表第一欄。

表中第二大欄以美國知名作家布萊恩・崔西（Brian Tracy）的《征服自己》一書來補充說明，足見「萬變不離其宗」。

富爸爸十個原則	崔西在《征服自己》的建議*
一、規劃 1. 欲望及野心	1. 描繪理想人生的藍圖 想要邁向成功的人生，必須先為人生成功下定義，自問以下問題 ● 我心目中理想的生活與工作環境是什麼？ ● 什麼樣的生活方式才能讓我得到快樂？ ● 我如何建立幸福美滿的家庭？ 2. 訂下明確的人生目標 有明確的目標與實行計畫，就不會輕易受到其他事物影響而分心，崔西自我實踐目標7步驟如下。 (1) 釐清自己到底要什麼，最好有明確數字； (2) 白紙黑字寫下目標； (3) 訂定完成目標的日期； (4) 列下為了達成目標必須做的事，像是學習新知、尋求協助等； (5) 列出各項行動的先後順序與輕重緩急； (6) 立刻採取行動，別再拖延； (7) 每天確實地、持續地付出，成為習慣之後就會愈來愈得心應手。
2. 看見未來的趨勢	● 什麼樣的活動能促進身心健康？ ● 哪些方式可以改善目前的經濟狀況？ ● 至今還沒實現理想的原因是什麼？
3. 學習	● 學習哪一項技能有助於自我實現？

4. 勤於動腦	3. 培養成功人士的人格 想擁有自律的人格特質，可以寫下自己最景仰的人物，描述他們最值得欽佩的人格特質，然後回答以下問題，有助於人們培養成功人士的人格。 ● 你覺得這位人物最重要並且值得學習的美德是什麼？ ● 在什麼情況之下你最有自信？ ● 什麼情況之下你的感覺最良好？ ● 如果你在各方面都很傑出，還可以改變什麼？ ● 你期期望別人對自己有什麼樣的觀感？ ● 要怎麼做才能建立這樣的形象？ ● 你在哪些方面需要表現得更為真誠？
5. 勇於冒險	4. 得到戰勝恐懼的勇氣 每當覺得緊張憂慮時，針對當下情況寫下一份「災難預估報告」，內容包括下列： (1) 描述真正擔心的狀況； (2) 沙盤推演最糟狀況； (3) 勇敢接受最壞的結果； (4) 立刻採取行動，不浪費時間煩憂操心。
二、執行 6. 遠離負面的人與事	5. 為自己的人生負責 懂得控制自己的想法和情緒，才不會有多餘的心力把負面情緒加諸在他人身上。對於愛找藉口、拖延與懶散者，唯一解藥就是「現在立刻付諸行動」。 從今天起，完全承擔自己行為的責任，不再抱怨或找藉口。如果生命中仍然有「過不去」的事，像是與人衝突、對家人關係不好、經濟狀況欠佳，都要思考自己是否也要為這件耿耿於懷的往事承擔責任。

7. 努力 8. 誠信 三、控制 9. 面對挫折的能力	6. 發揮全部的潛能 表現傑出並非靠著單一行動，而是靠習慣養成。善用提升工作能力的7步驟，一個月之後，就能養成自發行動的習慣。 ⑴ 上班前兩小時起床，每天重寫自己的目標； ⑵ 每天晨讀一小時，閱讀勵志文章或書籍； ⑶ 開始工作之前，把當日待辦事項排出優先順序； ⑷ 每天決定一項當天最重要的任務，立刻行動，直到百分之百完成為止； ⑸ 通勤時聆聽有聲教材； ⑹ 每天自我反省，寫下改進之道； ⑺ 待人以禮，把握任何一個善待他人、贏得友誼的機會，特別是家人，要讓他們感受到你對他們的關懷。
10. 恆心，堅持下去的紀律	7. 堅持到底 成功人士凡事持之以恆，失敗的人因半途而廢，先從自我激勵做起培養毅力，像是開始一天工作之前，對自己說：「我一定辦得到！」做好心理建設，不達目的絕對不放手，堅持這種態度，直到成為習慣。

*資料來源：整理自經理人月刊，2015年1月，第90～91頁。

2-3 從窮爸爸到富爸爸只花了六年——電影「當幸福來敲門」

真人真事拍的電影往往會引起觀眾共鳴，再加上演員自然演技、導演「說故事」能力，適當的配樂有錦上添花效果。這樣電影票房佳，而且電影台重播率高。

由美國非裔美人巨星威爾‧史密斯主演的「當幸福來敲門」電影，許多人都看過，甚至一再重看。片中男主角克里斯‧嘉納曾到台演講，電影的背景在一九八〇年的幾個月內。本單元依Unit 2-2中富爸爸十原則順序說明。

1. 欲望及野心

克里斯來自小鎮，高中畢業後到海軍服役，在雷達班中服務。退伍後，在加州舊金山市當業務代表，他先買斷奧斯歐牌骨質密度檢測儀，再設法賣給醫院的骨科等，但銷售有時不順，甚至三個月賣不到一台，損益兩平是一個月二台，太太琳達作二份工作、四個月沒休假，只能勉強維持家計；但房租三個月、汽車違規停車罰款、綜合所得稅（六百美元）皆未繳。

夫妻感情破裂，太太後來到紐約市上班。留下克里斯與五歲兒子。這可說是「貧賤夫妻百世哀」俚語的情況。

「窮則變，變則通，通則久」，由於缺錢，讓克里斯會去注意那些行業比較賺錢。

2. 看見未來的趨勢

一天早上，克里斯路經證券公司大樓時，看到一位證券公司營業員開著敞蓬跑車路邊停車，克里斯詢問他：「你怎麼辦到的？」營業員回答：「當證券公司營業員。」克里斯看著街上準備進證券公司大廈的員工們，臉上有掛著笑容，看似很幸福的樣子。

3. 學習

克里斯去迪恩威特證券公司當六個月見習生，沒有薪水，而且須考證券法規等相關知識。六個月滿，二十位見習生只錄用一位，其他證券公司不承認迪恩威特證券公司的見習資歷。克里斯對自己的學習能力很有信心。

在高中時一二位同學；海軍二十位雷達人員受訓時都是第一名。歷史、數學一向很好。

4. 勤於思考

跟美國一家大公司的員工退休基金管理委員會主任委員華特・羅賓約好在該公司見面，但克里斯因為遲到，錯失機會。他卻趁週末帶兒子去羅賓家中拜訪，意外獲得一起去球場包廂看球賽的機會，獲得認識更多「金主」的機會。他在見習期間，共獲得三一筆訂單，很多來自於這次建立的客戶基礎。

5. 勇於冒險

轉行換工作甚至創業都是職涯中的冒險。

- 一九八〇年，克里斯被證券公司錄用，擔任營業員（比較像業務代表），他自認「幸福」的開始。
- 一九八七年創立嘉納財富投資公司。

6. 遠離負面的人與事

在證券公司中，見習部主管經常要他去跑腿，例如買咖啡、買甜甜圈、移車，他覺得

「（可能自己是非裔美人）所以有被輕視的感覺」，但他照做。

7. 努力

由於證券公司實習是「沒薪水」，為了過生活，他還是一邊操持舊業，即賣骨密檢測儀，下午還要去幼兒園接兒子，可說蠟燭三頭燒。為了把證券公司規定的六〇個拜訪電話打完，且下午四點到達幼兒園接兒子，再轉公車下午五點前到街友收容所外排隊。克里斯只有六小時可以打電話，別人可以下午六點才下班。由於上班時間有限，因此他不喝水，就不用浪費時間上廁所。

8. 誠信

跟客戶約會，一定要準時，且使命必達。

9. 面對挫折的能力

克里斯小學時歷史課得高分，感覺自己能力很行，但成人後卻發現人生充滿著挫折、失望。

因為錢不夠租房子，被房東趕走，只好每天排隊搶住遊民收容所。因為排隊太不順，只好去睡捷運站的廁所，反鎖在內，警衛等查門時，克里斯跟兒子只能不作聲，他傷心流淚。

由於缺錢，克里斯去賣血（一袋二四美元），買零件（八美元）修好骨密檢測儀，才能換得二五〇美元。

10. 恆心，堅持下去的紀律

二〇〇六年時，克里斯把公司持股賣掉一小部分，獲得數百萬美元。

HBO〈當幸福來敲門〉（In Pursuit of Happyness）電影小檔案

- 男主角：威爾・史密斯飾嘉納・克里斯
- 女主角：Cinda Newton（電影不可能任務第二集女主角）飾演克里斯太太琳達
- 男配角：威爾・史密斯的兒子傑登（Jaden）飾其劇中兒子克里斯多福・克里斯（簡稱小克）5歲
- 電影公司：索尼影片公司旗下的「哥倫比亞」電影公司

2-4 欲望與野心

你有沒有去過澳門看過「賽狗」，甚至下場賭過。那請問你，這些狗是「吃飽的」還是「餓好久」？

被提示後，可能很多人會猜「餓好久」。你注意看賽狗，會發現在起跑閘門處的內側有個軌道，有隻假兔子，閘門一打開，假兔子在電動軌道上快速往前移動，賽狗為了獵物奔跑。狗不知什麼叫做跑第一，牠是為了食物而跑。

根據二萬三千份問卷調查的結果，美國普林斯頓大學發佈過一串統計數字，說人一生的快樂指數呈U字型；最快樂的時光分別落在二三歲和六九歲；五十來歲的時候最不開心，研究人員的分析報告說是累積一生遺憾，人過半百恨事很多。

二〇一四年一月三一日，《聯合報》A13版「三少四壯集」蔣曉惠的主張如下。

原來快樂的祕訣不必等到六九歲降低對人生的期望來避免失望，也可以是努力做到行有餘力，再寬打寬算，留出人生的「火耗」。

年輕人因對前途樂觀而快樂。人拙於預估自己的前途：年輕人多半高估自己將來對生活的滿意度，幾十年過去，經過哀樂中年（除了特別幸運的少數），一般人青年時期對人生和理想的抱負，對愛情和婚姻的憧憬，對財富和事業的希望，都沒能落實；五十多歲了，生命的巔峰已過，眼前看見的是下坡路，思前想後，如果悔恨交加，自然難以快樂。「希望越高，失望越大」，等年紀再大些，上了六十歲，接受了人生不能重來的現實，對曾經錯過的人和事認了命，對自己的期望和失望逐漸降低；又見山是山，情緒也就從悔恨和懊

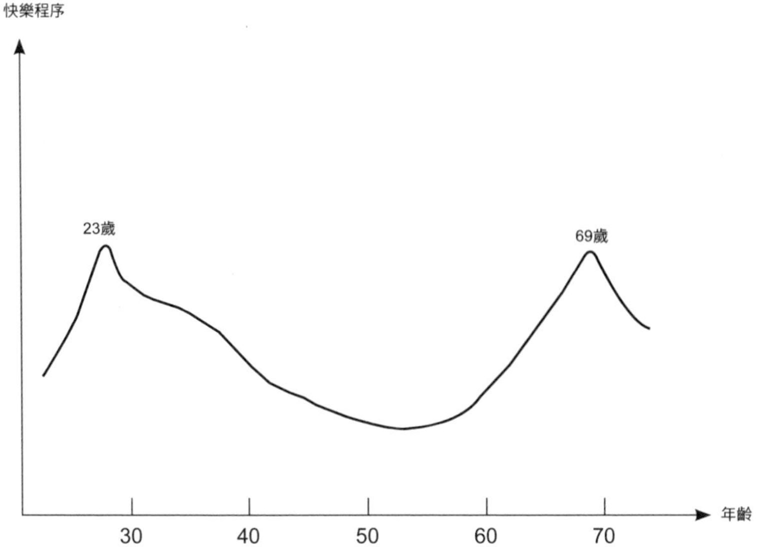

惱中平復，重新快樂起來。而老人又傾向低估自己的前途。

二〇一二年四月，亞洲大學教授、前衛生署署長楊志良出版《台灣大崩壞——挑戰沒有希望的未來》（天下文化出版）一書，書中重點如下。

「綜觀人類歷史，從來沒有一個社會像現在的台灣一樣，在沒有戰爭、沒有重大傳染病、沒有饑荒及經濟大恐慌的情況下，短期間內，不婚及不生（詳見表一）躍升世界第一、棄嬰及虐兒幾乎無日無之、自殺人數幾年之內倍增，讓這個社會經歷前所未有的快速解組，這也表示這個社會something happen。

工業國家中，瑞典、挪威、丹麥、法國、英國等國，婦女總生育率皆維持在二左右。瑞典婦女就業率達九〇%以上，但平均每名婦女生育兩個以上子女，台灣婦女就業率四九%，總生育率一・一。

表一　楊志良書中台灣人「四不」

	四不	說明（三化）
生	不婚	結婚率低，「單身化」
	不生	生育率低，「少子（女）化」
長	不養	
老		「老年化」
病		
死	不活	自殺率高

表二　台韓日的自我放棄風潮

台灣	南韓*	日本*
2012年起，台灣掀起「小確幸」風潮，主要反應在下列事。 ● 食：排隊吃美食，手機拍照後上傳臉書分享。 ● 樂：輕旅行，2天1夜，一定要上傳臉書。 ● 找工作：去澳大利亞「度假打工」，「瘋」狂考公職人員。	考公務員跟公營企業員工，屬於南韓青年出人頭地的另一機會，但大門逐漸關閉。南韓的司法官考試、律師考試、外交官考試，原與公務員基層考試相同，不限學歷。2013年南韓設立外交學院，規定大學畢業生方准報考。律師、檢察官、法官的考試，現多為法律系畢業生捷足先登，非科班出身者搶飯碗變難矣。 南韓名門企業，幾乎只有三星電子注重實力不注重學歷，2013年徵才破天荒，9萬求職者報名，三星電子人仰馬翻，招募經費超過負荷，自2014年起加設條件，限制報名人數。 南韓社會爆發類似日本的青年族群，叫做「三放世代」，放棄戀愛、放棄結婚，放棄生子。他們之所以退縮的理由，主要緣於經濟問題。	在1990年代，「開悟世代」（さとり世代，Satori sedai）成為日本的年度關鍵字。 開悟，是正面的描述。說三十歲上下的整個族群，已經領悟到過度消費的空洞意涵，因此不買車（捷運很方便）、不買奢侈名牌（因此低價暢銷白牌大興盛）、不追求高薪（滿足基本生活即可），回歸單純、靜謐，以及親密朋友的簡單生活。 這個族群也被冠以「不結婚、不買房、不出國旅遊」的「三棄族群」名號，他們天天過著宅男宅女的生活，人生沒有任何夢想。

失業或低所得青年戀愛機會遠遠少於進入名門企業或高所得的年輕人，即使戀愛修成正果，也難以負擔高昂的結婚費用和首爾房價，兒女的教養經費更因教育環境畸形扭曲而膨脹。愛不起、結不起婚、養不起，乾脆獨善其身。這些三放世代的年輕人，大都出生於80年代後期至90年代，經濟正從高度成長轉向停滯，貧富差距狠狠烙印的鴻溝壁壘愈加明顯。首先是教育的階級分化，名門大學的學生如果缺乏課外的才藝補習，肯定橫遭剔除。啟動連鎖反應，擠不進名門大學，就擠不進知名企業，也就擠不進中所得階級的行列，萬事皆休。

21世紀的日本，出現「覺悟世代」，19至30歲之間的年輕人，看破未來，放空希望，以毫無抱負為最高理想，努力當個沒有用處的人。不買車子、不求名牌、不出戶外、不沾酒精、不談戀愛，除了維持生存所需的低限度商業行為，其他的消費活動近乎停擺。所以又稱「嫌消費世代」。

	商業掛帥，經濟至上。大學各自的校風特色褪除殆盡，每所大學皆是管理學院，競爭最為激烈。讀文史理工的學生被認定前途看淡，彷彿人生敗部組先修班。變本加厲，豈止三放世代，甚至有年輕人自稱「五放世代」，放棄戀愛、放棄結婚、放棄生子，另外追加兩種放棄——放棄人際關係、放棄購屋。	

*資料來源：整理自《中國時報》，2014年9月3日，A17版。

相較之下，瑞典婦女就業率高、生育率也高，台灣婦女就業率低、生育率也低。其中癥結一在於瑞典政府對於家庭的照顧完善，讓年輕人放心生養小孩，台灣則不然。」

＊今朝有酒今朝醉的人生

在表二中，整理出台韓日的一些年輕人工作的生活觀。

「活在當下」代表「我沒有明天」，一九八〇年代後出生的人「我消費故我存在」的風氣很高，在台灣主要原因有二：

- 買不起房，那就出國玩、多花錢。
- 沒前途，那工作可做可不做。

2-5 遠志與小確幸

人對工作的目標最好是「眼高手低」，本單元說明「策略雄心」、「野心勃勃」的遠志！「手低」指的是放「低」身段去作。

一、老鳥有交代，菜鳥要參考

俗語說：「人之將死，其言也善」。

在表中，我們引用英國網路對退休人士的調查，看看過來人的遺憾與對上班人士的建議。

表　英國退休人士對上班族的建議

項目	退休人士遺憾*	對上班族的建議*
一、職場目標	● 抱負與自信不足（13%） 許多退休者後悔，工作期間沒能設定更高目標。應該更有企圖心與自信，督促自己更上層樓。	● 在工作場合應避免過於自滿
二、工作動機 1. 麵包與理想的抉擇	● 成就感勝過薪資 僅2%受訪者認為職業生涯最大成就是金錢報償。多數人表示，找到有成就感的工作，比只是設法餬口和繳帳單重要。	● 找自己熱愛的工作（52%） 超過半數受訪者敦促新鮮人，專注尋找真心喜愛的工作。這些退休者的薪資平均在50歲達到高峰，比較不用為五斗米折腰，有本錢「做自己」。
2. 換工作	● 待在不適合的工作（13%） 受訪者平均在6家公司上班。	● 不要害怕換工作（57%） 否則就有一成不變之虞。 ● 時時關注產業新趨勢（39%） 想在職場與時俱進，就必須跟得上產業趨勢。 ● 每三、四年另覓新職（36%）

三、工作時 1.工作壓力	● 工作壓力太大（20%） 受訪者中表示後悔自己竟讓工作壓力壓垮，即應該有更多選擇才對，例如調職、換工作等。	● 從事讓自己快樂的事（33%） 在英國，因勞工身心問題，每年約有請「病」、「事」假的計有7，000萬個工作天數；因病長期休養者中，每六人即有一人遭遇沮喪或精神壓力。以平均每名員工估算，消耗的代價1，000英鎊（1，562美元）。
2.工作時數	● 工作時數太長（14%） 工作時間其實沒必要那麼長，在辦公室額外耗費時間處理無意義的事務，不知不覺中，整個職業生涯中的許多光陰就浪費掉了。	有些公司採用彈性工時以及遠距作業，職場仍存在假性出席（presenteeism，註：人在心不在）問題。退休老鳥的看法是，待在辦公室的時數並不等於同時數的生產力。
3.派系小圈圈	● 留心辦公室政治 別在同事面前醉過頭，也別低估職場的敵人。	● 避免在同事面前醉過頭（26%） ・要跟職場敵手保持親近（10%）

四、退休時機	● 未早一點退休（8%） 嬰兒潮世代（註：1946～1965年間生的）61歲便可退休，有8%遺憾沒能在生活無虞時早點退休。其他調查顯示，英國的嬰兒潮世代認為最大的財務懊悔是沒有儘早存退休老本。	1990年後出生的人可能要工作到73歲才可以退休。

*資料來源：整理自《經濟日報》，2015年9月5日，專6版，林奕榮。

退休人士職場遺憾調查小檔案

- 期間：2015年8月
- 對象：近10年內退休人士
- 地區：英國
- 主辦公司：英國網路Monster
- 調查方式：網路問卷
- 調查結果：詳見表

經典人物金墉（Jim Yong Kim）小檔案

- 出生：1959年，南韓出生，五歲隨父母移民美國
- 現職：世界銀行總裁（本書註：第一位不是白人）
- 學歷：美國哈佛大學人類學博士、布朗大學醫學士
- 經歷：美國達特茅斯學院院長、世界衛生組織（WHO）愛滋病部主任，創辦Partners in Health組織。

二、世界銀行總裁金墉的建議「不要怕作夢」

在所有「人應重視時間」的文章中，世界銀行總裁金墉二〇一三年五月初，在美國麻州波士頓市東北大學的畢業典禮演講中，金墉以他父母歷經韓戰（一九五一～一九五三年）孑然一身的奮鬥生涯，與自己不可想像的職涯，來與人共勉。

以親身經驗分享三件事。

- 訂定大膽的目標；
- 鍛鍊你的意志力；
- 好好運用你的時間。

2-6 看見未來的趨勢

在平面道路開車跟在高速公路開車，在視野注意點最大不同，在於一般汽車在時速一百公里時，約須五〇公尺的距離才煞得住車。因此，視覺焦點要往前三部車（被卡車擋到算例外）去看，一看苗頭不對，就應準備減速甚至緊急煞車或變換車道，否則一定會追撞成一團。

一、轉行，以求「站對山頭，勝過拳頭」

你看「緯來日本」台（七五台）等，便可以發現找對漁場中魚群所在，便容易滿載而歸。在漁場以外且找不到魚群，只能「望洋興嘆」。

做對行業就「吃香喝辣」這個道理，從高三生填統測等志願便可見一斑。

二〇一四年，中國大陸小米公司董事長雷軍說，「站在風口上，豬也能飛」。豬沒有翅膀，而且沒有鳥般的飛行體質（骨骼中空、身體流線）；之所以能「飛」上天，那是因為風大。

雷軍用這句話來形容「時勢造英雄」的道理，我們還是要努力，但要多花點時間抬頭看環境。「千萬不要說什麼人定勝天。」雷軍說。（這句摘自《商業周刊》，一四二四期，二〇一五年三月，第六四頁）

二、培養第二專長

「隔行如隔山」，一般人以為醫生就是什麼病都會治。醫生分科細到有領醫美證書的人可能只懂皮毛，許多認為原本做顱顏外科的醫生開刀醫術最高明，他們本來就在做兔唇等手術，做整型外科是「牛刀小試」。

現代管理學之父彼得・杜拉克建議上班族應該「二年培養一種專長」，這個可以是語言（詳見Unit 6-5、6-6）、電腦程式，甚至專業技能（詳見第五課）。

「有備無患」，汽車帶著一個備胎，額外增加四〇公斤，滿耗油的，遇到輪胎出問題時，備胎發揮救援功能。

同樣的，「人無遠慮，必有近憂」，平常就應該學習「備用知識」，要用的時候就拿得出來。臨時抱佛腳的方式，應付考試等還夠，但是只能救急，終究不是長久之計。

經典人物雷軍小檔案

- 出生：1969年
- 現職：中國大陸小米公司董事長
- 學歷：武漢大學計算機系學士
- 經歷：金山軟體公司總經理等（1998年）
- 值得參考之處：大二前把四年課程學分修完，做好就業準備

2-7 「學習」使美夢成真

從大學實習到上班後各階段，預先發現「能力差距」（或能力不足之處），並且透過各種學習方式，讓自已達到適任程度。有個很棒的例子可以參考，謝馨慧在大四時擔任奧美公關實習生，花了一五年晉升到「董事總經理」（註：英國、香港的職稱，即具有董事身分的總經理）。

本單元以她的奮鬥學習為例，分幾個階段說明她的學習動機，詳見表。在進入本文之前，有兩件事先交代。

- 她唸高中時，高一升高二時，英文成績差，差點留級；
- 高三考大學聯考，沒考上；重考考上淡江大學大眾傳播系。她自認不擅長記憶，英文、社會科（歷史、地理）也都成績不高。

一、大學時的實習以培養實務能力

1. 學習動機

由於家境普通，謝馨慧對未來沒有安全感，所以在同學忙著大學玩四年的時候，她著手為工作生涯打算。

2. 大一到大四

透過實習，以為就業作準備；即使實習沒有學分，也沒薪水，她仍甘之如飴。到了大三升大四時，謝馨慧進了奧美公關（一九八六年成立）實習，雖然員工才十幾人，「但這個行業很新，沒有規範，也不擁擠，不像記者擠破頭。」

這份工作隱約讓謝馨慧感覺找對路了，因為這份工作不需要做很多學問，而是要與環境及人互動，正好符合她的特質。於是畢業後，她就進入奧美公關。她在學生時期就從自己的專長去思考未來的工作，運用專長幫自己加分，而不是未經考慮，有什麼就拿什麼，最後從錯誤中學習，靠刪去法過人生。

二、上班後的學習

公關業不只是辦活動或和媒體互動，而是要幫助品牌公司解決問題，而在解決問題的過程中，就像英國神探福爾摩斯在辦案一樣，不斷抽絲剝繭，一起和客戶找出問題。

隨著晉升越來越快，謝馨慧幾乎都過著追趕能力、補充專業知識的生活。她比喻，就好像你要去爬山，可是就是缺了一把枴杖，不找到那把枴杖就是上不去。

- **歸零再出發：**遇到瓶頸，放下重擔重新出發，可能得到更多。
- **反覆練習：**不擅長的事情反覆做，也可以熟悉。

奧美集團董事長白崇亮對謝馨慧的形容：勇敢面對挑戰又堅持不懈，這些奠定了她在專業領域的基礎。溫暖度讓她贏得好人緣，也是讓她在公關這條路上走得長久的關鍵。

三、對學習的態度

1. 學習使人成長

「我的企圖心是表現在學習上，不是要追求職位。如果有一天我停止學習，我會有很深的罪惡感。」「職位是相對的禮物，我沒有期望什麼時間要做什麼事，可是老天爺是公平的，如果祂不給妳，一定是妳還不到……。」

2. 看到自己能力的不足，永遠保持上進的心態

「一路都在學」幾乎是謝馨慧最突出的特質。她認為，往上爬的過程就好像長大一樣，要不斷地把衣服變大變多。但要學的東西這麼多，「二十年來斷斷續續，我都是夠用就好，越做越多發現不夠用的時候再去學，夠用就停。」最重要的是讓自己處在開放學習的狀態。（摘修自《今周刊》，二〇一五年五月一八日，第五七～六〇頁）

經典人物謝馨慧小檔案

- 出生：1968年
- 現職：奧美公關行銷公關事業部董事總經理（2006年起）
- 學歷：英國Reading大學國際管理碩士、淡江大學大眾傳播系
- 經歷：奧美整合傳播集團360品牌事業部資深溝通總監等
- 值得參考之處：往前面4年看，預先學習未來所需能力

表　謝馨慧從大學迄今的各階段學習方式

時間年齡	1988～1991年 20～23歲	1991～1994年 23～26歲	1995～2002年 27～34歲	2003年起 35歲～迄今
階段	大學	奧美公關廣告專員（AE）	奧美公關	經理以上
所需能力 1. 觀念			去英國唸碩士，擴展視野	到政治大學企業經理人高級班學「策略管理」
2. 人際關係				
3. 專業 ⑴ 專業技能	⑴ 專業技能 • 大一升大二暑假在中國時報社高雄辦事處實習	⑵ 表達能力 • 寫新聞稿		學「行銷管理」等
⑵ 表達能力	• 大二寒假到漢聲廣播電台實習 • 大三時在系攝影棚當助理 • 大三升大四暑假到奧美公關公司實習	• 學英文 在台灣大學推廣部上2年英文課 • 其他	提昇英語能力	擔任總經理後，週一、五仍找家教一對一的英語會話訓練

*資料來源：整理自《今周刊》，2015年5月18日，第57～60頁。

2-8 勤於動腦，提高你的智商

台北市長柯文哲以其一五七智商自鳴得意，認為跟國際物理大師愛因斯坦一六二差不多。在職場中，許多人會羨慕官二代、富二代，有「富爸爸」加持，省了二〇年的辛苦。針對白領勞工，勞心大於勞力；在求學時代，許多人羨慕智商高的人，隨隨便便讀一下便可得高分、名列前茅。本單元說明「勤於動腦」，開發你的智商，增長你的智慧（久經世故後的經驗），可以讓你四〇歲時「後來居上」的成為「第十名狀元」。

一、智慧商數

人的智慧商數是人的認知能力，包括六大項：語文、邏輯、數理、空間等，有些人全面性的高，二二歲就在哈佛大學博士畢業；有些人局部性高，例如音樂天才莫札特等。智商以遺傳為主，在後天經過發展，約可提高一五分。

心理學者對人的智商的看法如下。

1. 有些人是天生的天才

在音樂方面最明顯。

2. 贏在起跑點

在二〇一五年八月國家地理頻道上有個「我的聰明頭腦——天才天註定？」節目，已播出二年以上，一九七三年起，美國某大學心理系教授以實驗組（約中低所得家庭一一一位嬰兒）與對照組（家庭屬性較相似）。從出生後六個月起經過實驗人員簡單刺激等，到了三歲，實驗組兒童比對照組兒童學習能力強且主動學習意願強（樂於學習）。

這個實驗追蹤實驗組對象到三〇歲時，大部分皆大學畢業、有好工作。這是「贏在起跑點」的案例。人的學習能力可在六個月到了三歲時適當刺激，而大幅成長。

另外有一位罕見案例，一九八四年在美國洛杉磯市，警方查獲一位一三歲少女吉妮，被父母囚在小房間內一二・五年，沒有任何外界刺激，智力與一・五歲兒童差不多，之後，大學語言教授長期教導，她還是無法建立「你我他」的人物識別、基本文法，後宣告失敗。

這兩個例子皆說明「學貴在早」。

3. 適度開發，智商成長十五分

心理學者實證的結果，人經過學習、訓練，智商可以成長，約一五分。有兩個好例子。

三國時，吳國大將呂蒙是行伍出身，識字不多，而不要說讀兵法。吳侯孫權勉勵呂蒙要多讀書，呂蒙發奮自學，後魯肅誇他「非復『吳下』（指蘇州市一個地區）阿蒙」，呂蒙回答：「士別三日，刮目相待」，這是成語「吳下阿蒙」、「士別三日」的來源。

日本戰國時期（約一六世紀，明嘉靖年間），豐臣秀吉出身貧農，後來當流動攤販；轉職擔任地方諸侯織田信長的馬伕。由於肯學、肯動腦，很快獲得織田信長賞賜，超越世襲諸侯，成為結束日本戰國時代的共主。

二、智商加專注成就愛因斯坦「相對論」

在愛因斯坦過世時，他把腦捐給大學。在他一百歲冥誕時，探索頻道做了兩小時的專輯探討他的成就，刀切豆腐兩面光的推論。

1. 腦的海馬區

人腦中的海馬區比較像個人電腦中央處理器中的數學運算功能，愛因斯坦海馬區比一般人大很多，其餘部分皆同。

2. 專注（勤於思考）

愛因斯坦一九〇二年時，在德國商務部智慧財產局當雇員，專門負責在對外專利證書上蓋官防，工作量少，且有獨立小房間。他得以日復一日的思考「相對論」等數學公式推導。

三、龜兔賽跑的烏龜哲學

你無法選擇父母，有關智商的遺傳、嬰兒期的大腦刺激大都由父母（隔代教養時祖父母）決定。

當你上班後，或許沒有「台成清陽（明）」的名校光環，或是只是「第十名」，但是憑著你的自我學習等，包括技巧的熟練（Unit 3-6一萬小時的練習），你的智商會慢慢提高。回過頭去看你大學中覺得困難的科目（例如經濟學、會計學），覺得怎麼很簡單。

大學四年的學習只佔人生工作三五年所需能力的一部分，二〇〇五年一〇月《商業周刊》封面故事「第十名狀元」，重點在於班上前中段學生，體會自己沒有「天縱英明」，只好「勤能補拙」，甚至動腦，「聰明工作，不是辛苦工作」（work smarter not harder）。

2-9 勇於冒險，抓住更多機會

你敢不敢搭遊樂園的「雲霄飛車」（縱使是兒童版的）、「海盜船」、「地心引力」等遊樂設施？（註：我不敢）

你敢不敢吃日本河豚料理合格廚師作的河豚料理？

你敢不敢走許多地方的天空步道？（美國大峽谷、芝加哥市某大樓、台灣南投縣等皆有）

九〇%的人不敢冒險，因為影響人風險承擔程度還包括遺傳，但比較多是來自後天（尤其是把孩子當寶養的）。

1. 七五%的人恐懼感來自遺傳

有個汽車廣告，用許多鏡頭（例如在游泳池的高跳台），說明天生喜歡冒險的「每四人才有一人」。人們的「恐懼」七五％來自遺傳，主要是怕在黑夜中被猛獸咬死（因此怕黑）、怕從高處失足而摔死。為了保命，人們學會「如臨深淵，如履薄冰」的謹慎。人的冒險內分泌在中老年後逐漸變淡，這是生理因素對於人冒險能量的影響。

2. 後天習得的恐懼感

對子女「呵護得無微不至」，這種父母大都會養出「靠爸族」、「媽寶」。

二、因為恐懼以致放棄很多好機會

在三國演義中有幾個人太保守，以致錯失良機。

- 例如袁紹跟曹操大戰，謀士許攸建議袁紹以五萬人繞道取許昌，曹軍老巢一旦失去，曹軍必亂。袁紹的個性懦弱，不敢冒險。曹操才有機會打贏「官渡之戰」。
- 蜀漢丞相諸葛亮七出祈山，其中一次，魏軍傾巢而出，在大路另一邊等，蜀將魏延請領五千騎兵，走棧道偷襲魏都。諸葛亮平生用兵求穩，先求不敗再求勝。他不捨得這五千精兵的損失，就不可能收奇襲的奇功。

旅遊生活頻道「歐洲大富豪」中，主持人伊恩‧萊特有次訪問一位靠開壽司連鎖餐廳創業成功的英國創業家，他的說法令人警惕：「有些人財務無虞，也想創業，但卻裹足不前，錯失了人生大好時機。」

三、報酬夠高，風險就微不足道了

「不入虎穴，焉得虎子」，這句俚語貼切形容「風險跟報酬」間的關係，一般來說，風險越高的工作，薪水也較高。空中小姐便是一個例子，有些航空公司在學歷上只要高中畢業即可，而且沒有身高限制（只要墊起腳尖，手能碰到椅座上行李艙便可）。空中小姐比五星級飯店、三星級餐廳的服務小姐月薪高三萬元以上，因其職業風險較高。

消防署消防隊員、醫院急救室的醫生、警察是對自己生命三個高危險工作，尤其警察可說在槍口下討生活，美國人有三億支槍，歹徒火力強大，許多警察上街執勤前都心驚不已。

四、電影「阿波卡獵逃」的啟示

美國電影「阿波卡獵逃」，以十五世紀的中南美洲原住民攻伐為背景，從頭到尾講方言，觀眾只能看字幕了解劇情。電影主旨之一在於下列一句話。

有一個村因被獵人隊燒殺，村民餓肚子逃難，男主角黑豹掌看到這些失魂落魄的人大受衝擊。要返回自己村子前，他父親（村長）單獨跟他說：「別讓恐懼上了你的心頭，恐懼就像疾病，是會傳染（給別人）的。」

整部片一半時間描述他如何反擊馬雅獵人隊九位的追殺，隱含著正面迎向死亡的恐懼。因為他求生欲望很強，他要回到村子，把懷孕妻子、四歲兒子從乾井中救出。

五、功夫巨星李小龍的忠告

李小龍在二六歲時出版《截拳道》一書，他融合詠春與少林功夫，自創一派。其中有關比鬥時的「心理建設」講得很棒，重點如下：

「在對打之前，不要去想對方多強（身裁、資歷等），只要努力去打便是。」

言下之意，不要未打就先敗了。

歷史上有許多戰役是「以少勝多」的，只要有信心，小蝦米有可能打敗大鯨魚。

在職場也是如此，對手公司產品、小組多強，我方願意求戰，至少有機會；要是「未打先夾著尾巴」跑掉，那永遠也沒機會。

《阿波卡獵逃》Apocalyto電影小檔案

- 製片：梅爾・吉伯遜（Mel Gibson）
- 出品公司：Icon Production Co.
- 年代：2006年
- 主要劇情：男主角黑豹掌（Jaguar Paw）脫逃，與追兵對戰

2-10 工作的風險等級量表

人壽、產物保險公司皆有承保勞工的職業意外險，出意外而傷殘死亡的，風險越低，保費費率越低。

依據職業意外險的風險道理，我們考慮公司風險、個人被解僱風險，把個人因公司倒閉或解僱的風險，依一～一〇分，分成三個級距，並且把挑這些工作的人性格取向分類。

一、風險愛好者挑八～一〇分高風險工作

表中第一欄計分八～一〇分的可說是「職場敢死隊」（例如美國海軍的海豹）部隊，由分數高往低說明這些風險愛好者，約占人類二成。

1. 一〇分：有後顧之憂的創業

青年等創業，在沒有積蓄情況下，不成功便得「喝西北風」；或中年人到虧損公司上班。

2. 九分：到新創公司上班

許多新創公司皆很容易么折（兩年內倒閉），公司前途茫茫，有選擇的勞工（例如一九七六年蘋果公司那幾名員工）敢來上班，心臟要很強。二〇一五年九月，電視新聞報導，許多新興科技的新創公司透過群眾募資可找到資金，但找不到人才來冒險。

3. 八分：行船三分險

到海外去成立辦事處、分公司，當前鋒的人膽識要過人，在古代作戰時，前鋒不好找。

二、風險中立者挑五～七分中度風險工作

六成的人是風險中立者，日本稱為「肉食系」，台灣人稱為「不是吃素的」。

1. 七分，有能力但卻去中小企業擔任業務人員

業務人員可說是大部分中小企業工作壓力最大的職務，產品不如大企業知名度高，甚至產品也僅是二流。業務人員只有最低月薪的保障，而且連續三個月業績沒達目標，很容易被公司巧妙的解雇，而且沒有資遣費。

2. 六分：有嚴格關鍵指標的部門

公司核心部門（研發、生產、業務）甚至支援部門（例如資管）都有個人「關鍵績效指標」（key performance indicator，KPI）壓力。

3. 五分：有獲利壓力的部門

一般公司的利潤中心部門。

三、風險規避者，作一～四分低風險工作

有些工作可說是「低風險」。

1. 四分：大樹下好乘涼

在大公司擔任事務人員（例如祕書、總務等），天塌下來有高的人頂著，站在後方，比較安全。

2. 三分以下：公務人員

一般國家對公務人員皆有較高的工作保障，俗稱「鐵飯碗」。對於求安穩的人來說，考上公職可說是打安全牌。

在景氣衰退（經濟成長率低）、低迷（經濟成長率〇～三％）時，失業率在四．五％以上，二〇〇九～二〇一三年考公職的人數大增。

景氣佳（經濟成長率三％以上）、失業率較低（四．五％以下），二〇一四年以來，考公職的人大減。

表　勞工對工作風險等級偏好量表

風險等級	工作態度	挑工作	意外險職業類別*
一、風險愛好者 10分	中國大陸稱為「狼性」，尤其是華為的任正非	青年創業或去虧損公司上班	拒保：特技表演人員、消防員、爆破部隊、跆拳道拳擊選手。
9分		到新成立公司上班，公司前途茫茫	
8分		在公司派駐海外，尤其當先鋒去開創市場	特別費率
二、風險中立者	日本稱為「肉食動物」		民航機試飛員
7分		在中小企業擔任業務人員	第四類 訓犬人員、捕狗大隊、八家將
6分		一般公司核心部門	
5分		一般公司	第三類 快遞人員、乩童
三、風險規避者	日本稱為「草食動物」，台灣稱為「小確幸」		
4分		在500大企業擔任事務人員，沒有業績壓力	第二類
3分		當公務人員，有鐵飯碗（但不包括警察、消防人員）	行動咖啡車工作人員、寵物美容師
2分			採訪記者、轉播車司機
			第一類
1分			內勤上班族

*資料來源：壽險公會，「台灣地區傷害險個人職業分類表」

2-11 如何讓自己有Guts

體能、球技是練出來的；同樣的，膽量也一樣，許多企業家都是積小勝為大勝，信心越來越大，目標也就逐年提高。最戲劇化的是電子業成吉思汗的鴻海集團董事長郭台銘，在一九八八年，他對鴻海的目標是「一九九三年以前打進全球連接器產業前二〇名」，那年，員工數一千人，營收約一二億元。直到一九九九年，郭台銘的「口氣」才變得有霸氣，營收五一八億元。

在工作時也要向自己的「擔心」、「恐懼」挑戰，由表第二欄可見，我們把各種職場中的恐懼依馬斯洛需求層級動機予以分類。本單元由下往上分四項說明。

一、怕工作失敗以致危害到家庭的安全、生存

以創業來說，有些妻子會反對先生拿全家吃喝去冒險。我們認為錢的事情就靠錢解決，有位公司總經理三七歲時想要創業，太太拖住他父母一起勸阻。他給太太兩年生活費（例如二百萬元），表明創業一年九個月無法獲利，就把公司關掉；頂多花三個月重新找工作。這在風險管理的五中類中屬於「損失控制」，設定停損點，而且把風險理財的資金準備好。

二、怕工作失敗以後「沒面子」

有些人怕「晚節不保」、「一世英名毀於一旦」，因此「保有戰績」，不願再出擊。加拿大籍導演詹姆士・柯麥隆，以「鐵達尼號」一片，獲得奧斯卡一一項提名，自己獲得第七〇屆奧斯卡最佳導演獎，票房破一〇億美元；外界認為這是他人生高峰，他有五年消聲匿跡。有人認為他不敢再拍片，因為無法突破自己。

二〇〇九年一二月《阿凡達》（Avatar）一片，亮麗（二八億美元）票房和造成的轟

動，引領三D電影風潮，柯麥隆也成為傳奇，並改寫成功的慣例。

二〇一〇年一月，英國廣播公司（BBC）記者訪問他，其中一句話是：「最大的風險就是你自己不敢冒風險」。（摘自《全球中央月刊》，二〇一〇年二月，第一三頁）

柯麥隆的例子比較像籃球比賽第四節，當已經領先二〇分，教練會放板櫈球員上場，反正「贏到有剩」，甘願讓板櫈球員增加比賽經驗。

三、怕工作失敗以致「內傷」

有些自尊心比較強的人，怕「多試多錯」以致動搖了對自己能力的信心。

在自己定義成功情況，工作挫折的確會打擊自己的信心，但有不足才會找到弱點，以求進步。

四、怕工作失敗以致美夢成「空」

員工擔心有個大事搞砸了，公司把你解僱。所以許多人都「不求有功，但求無過」；尤其有些公務人員「多做多錯，少做少錯，不做不錯」，更是保守。

以打棒球為例，好不容易有機會上場打擊，要是純粹只想等待對方投手四壞球保送上一壘，對自己也不是多麼「豐功偉業」。寧可揮棒打擊，還可能有機會機會擊出全壘打，至少安打。

當公司不給你機會，只要你心在，永遠有機會另起爐灶。

表　職場中對困難創業的恐懼

需求層級理論	恐懼來源	伍忠賢說明
五、自我實現	怕工作做垮了，以後沒有別人給你舞台	1. 富貴險中求 「沒有揮棒，那可能有全壘打？」「砍頭生意有人做，賠錢生意沒人做」
四、自尊		「寧可失敗，也不輸掉勇氣」
三、社會親和	怕在親朋、鄰居、同學面前「沒面子」	1. 風險分散
二、一、安全與生存	怕失敗：工作挫折，包括：	
	● 創業失敗 全家只好喝「西北風」	2. 損失控制 只要輸得起，我就敢「玩」，即冒能承受的風險。
	● 工作被解雇、降級、減薪、冷凍	

第三課

克服負面挫折、發揮優勢

3-1 知己，才能克己

兵聖孫子在《孫子兵法》〈謀攻〉篇中有一段「知彼知己，百戰不殆」，這句話常濃縮成「知己知彼」。

「知己」包括自己的長處、弱點，發揮長處，補強弱點，以免對方「有機可乘」、「鑽漏洞」。

本單元先拉個廣角鏡頭，先全面了解每個人心中「負面一面」，然後在本章中再聚焦討論其中一項。

一、每個人的人生目標都是獨一無二的

每個人的人生目標都是「獨特的」（例如工作中的行業、職級、年薪、知名度等），

沒有「誰贏你」、「你輸誰」的問題。以打高爾夫球舉例，是否能在一八洞打出標準桿七二桿的職業選手成績，取決你願不願意從小被教練操、自主練習（例如每天練習場打五百球，一般人只能打二百球）、風雨無阻下場練習。

二、人生目標路上石頭就是你「人性負面的一面」

有人說：「人們最大的敵人是自己」、「人是自己最大的貴人」，很多話看似矛盾，原因在於沒有「講清楚，說明白」。

人最大的敵人是自己「人性」（或稱性格）中「負面的一面」，詳見表中第一欄，如同絆腳石般，讓我們往成功之路邁進時跌跌撞撞，因此必須搬開路上的石頭。

人性「正面的一面」是自己最大的貴人。

三、人性中負面的一面

人類三百萬年的演進，遊牧時代有一餐沒一餐的，到了農業社會「三年一旱，五年一澇」，五年內有二年荒年，生活不見得好過。再加上戰事等因素，人類長年勞累，遺傳基因中有較負面一面，套用歐美的民間觀念，有下列兩種情況。

1. 人性弱點，俗稱「壞天使」（bad angel）

人的腦中都有個「壞天使」，主要便是人性中好逸惡勞、恐懼的天性。這些人性的弱點太多太強，會妨礙自己能力成長、工作表現，因此無法達成人生目標，俗稱「被自己打敗」。這種說法很矛盾，也就是「自己是自己最大的敵人」；正確說法是「要成功就得要打敗自己的人性弱點」。

2. 人性黑暗面，俗稱撒旦、魔鬼

這是人性「惡」的一面，主要表現在「損人利己」，在工作上「損人」便是當小人，栽贓、陷害同事等，把自己的成功建築在別人的失敗上，這不是本書的重點。

四、人性中正面的一面

許多動物絕種了，人類生生不息，大抵是因為正面人性超越負面人性。

1. 人性「強」點，俗稱「好天使」（good angel）

「好天使」的形象是穿白衣、頭頂有個光環、可能有翅膀的精靈，它激勵人們表現出人性堅強的一面。例如為了狩獵，男人可以花三天追蹤，花一天等待，只為捕抓獵物，人是可以吃苦耐勞與等待的。

2. 人性善良面，神在每人心中

人性善良面讓我們願意「助人」，甚至「捨己救人」；在職場上便是為了公益、他益而提攜後進後，成為別人的事業貴人。

表　人性善惡面對自己在工作上的影響

對象	負面	正面
一、對別人		
1. 行為	損人利己	樂於助人，甚至捨己救人
2. 俗稱	人性黑暗面	人性光明面、善良面
基督教稱呼	撒旦、魔鬼	基督、神
3. 職場	職場「小人」	成為別人的「事業貴人」
二、對自己		
1. 行為	好逸惡勞	● 努力，詳見Unit 3-5～3-6
		● 有恆心有毅力，詳見Unit 3-9～3-10
2. 俗稱	人性弱點、劣根性，即自己是自己最大的敵人	人性強點，人的潛力無窮
基督教稱呼	壞天使（bad angel）	好天使（good angel）
3. 職場	被自己打敗	自己就是自己最重要的事業貴人

3-2 克服人性負面的一面，發揮正面的一面

輪胎破了以致漏氣，必須先找到破洞，才能補洞；重新打氣，輪胎恢復有氣。正常情況下，輪胎會慢慢洩氣，所以要經常量胎壓，不足時則打氣。人就如輪胎，洩氣、漏氣的原因主要是心性中「負面一面」，要經常運用「正面力量」來打氣。

一、周處「除三害」

有些人在小學國語課本中讀過「周處除三害」，第三害是他自己，他魚肉鄉民，鄉民深以為苦。把鄉民當魚肉，指的就是從鄉民處拿「魚」、拿「肉」，指的是收「保護費」。周處痛改前非，才能名留書冊。

每個人心中都有一個「壞周處」。

二、「老」鼠、「老」虎，傻傻才會分不清楚

台灣師範大學的華語教育中心，有位教授為了向外籍學生顯示中文字的博大精深，在黑板上寫了「己已巳」三個大字；引起德國、法國、美國學生的不同反應。

平日用詞大抵粗略，等到寫書時，看到各種刊物的專家用詞也不夠精準。這次為了寫本書，查英文字典，再回頭看國語字典，才發現耐勞、耐心（耐性）是不同事，詳見表第二欄；「恆心」、「毅力」也是兩碼子事，否則就不用有這麼多名詞了。

三、修心，養性，齊家，治國，平天下

先天與後天使人的負面力量不會根除，為了成功立業，人們必須「戰勝人性的負面力量」、發揮正面力量。

1. 自我修練

「修心」或稱修身指的是修「正」自己的觀念，才會有正確的態度，常見修心修身方式有寫日記、見賢思齊（即標竿學習）、「見不賢內自省」。修身的經典人物詳見下一段說明。

2. 近朱者赤，近墨者黑

結交「友直、友諒、友多聞」的朋友，良師益友皆有助於你往正道而行。

四、美國富蘭克林的十三項「美德」

因為人性有「向下沉淪」的一面，如同游泳一樣，要一直努力打水使自己浮起來，至少不會溺斃，而且還能前進。這個「打水」、「划水」便是發揮人性正面一面的力量，外界看到稱為你的美德（virtus）。

很多人從小看偉人傳記，要仿效之一的就是美德。其中較有名的是美國開國元勳富蘭克林（Benjamin Franklin），他曾發明避雷針、兩用眼鏡和路燈；參與起草《獨立宣言》、《美國憲法》，也是百元美鈔上的肖像。

二二歲那年，富蘭克林就覺悟到「習慣」的重要。他希望自己能隨時隨地不犯任何錯誤地生活，因此把必要或可取的行為，歸納為一三項美德（一三 virtues），並在每一項美德之後附上簡短的戒規。他在《富蘭克林自傳》（The Autobiography of Benjamin Franklin）中寫道，「讓我的子孫後代得知，他們的這位先輩（富蘭克林）一生福氣綿延，除了上天的恩寵，靠的就是這點小小的本領（指他把一三項美德化為習慣）。」

表　人性中負面的一面與對策

人性負面一面	對策：美德	作法： 第二、三課單元
1. 不敢冒險，以致優柔寡斷、三心二意，在主管眼中便是「拖延」	毅力（perseverance） 有決斷力	Unit 2-9～3-4
2. 不能吃苦，所以「好逸惡勞」，在主管眼中便是「懶惰」。	(1) 耐勞（endurance）：忍耐、忍受 (2) 勤勞（diligent）	Unit 3-5～3-6
3. 不能耐挫折，所以「柿子挑軟的吃」，在主管眼中便是「抗壓力低」	(1) 耐心（patience）：忍住憤怒 (2) 克制	Unit 3-7
4. 不能持久，以致三分鐘熱度、半途而廢	(1) 克難：克服困難 恆心（persistence）： (2) 永恆、持續性、固執，俗稱恆心	Unit 3-9～3-10

3-3 遠離負面的人與事

二〇一五年九月一三日，台灣登革熱突破萬例，直接致死者一二例、相關者三〇例；而且無疫苗可打、無特效藥可醫。台南市飯店、小吃攤業績掉一半，外來客「避而遠之」。迄十二月，死亡二〇〇人，隨溫度降低，疫情漸歇。

人的天性是「趨吉避凶」，那麼妨礙你職場成功的「凶事」有那些呢？

一、誰擋你實現職場夢想？

還記得Unit 2-3中的電影「當幸福來敲門」嗎？片中主人翁克里斯口白時，講到美國創國元老之一湯瑪士・傑佛遜在起草「美國獨立宣言」中，數次談到美國人追求的是「幸福」。美洲殖民地人民覺得宗主國英國是妨礙美國人追求夢想的阻礙，所以宣佈獨立，才能追求幸福。

克里斯思考著什麼人與事阻礙他追求夢想，路上的石頭要搬開或繞過。

二、妨礙你職場目標的事，主要是你造成的

每次藝人戀情爆光，記者總會問其中一方：「什麼時候結婚？」標準答案都是「以衝刺事業為先」，原來藝人事業是要拚的。同樣的，在職場中，例假日時許多人唸碩士班或者自修，以提升本職學能。套用俚語：「學如逆水行舟不進則退」，職場能力也是如此。耕耘人脈、業績也都須要時間，花功夫。

由表第二欄可見，最經常妨礙你自己的負面的「事」就是你自己造成的，俗稱「壞習慣」，本處以滑手機為例。

1. 上焉者，先知先覺

滑手機、打電玩成癮（一天二・五小時以上，且沒做會不爽）主因之一在於「無聊」，所以要「殺時間」。以學生與上班族來說，「殺時間」就是浪費時間。

有些人為了避免被親朋搔擾，因此說自己笨學不會打麻將（包括橋牌等），推說醫師

指示「不應喝酒」，躲過狐群狗黨的不良嗜好。

2. 中等者，後知後覺

「錯然後改，善莫大焉」，有許多人體會滑手機「損已」（身體、功課、工作等）、「損人」（不利於朋友等人際關係）。二〇一五年九月電視新聞報導，年輕夫妻間最強的「小三」是手機，只要夫妻一方沉溺於「玩手機」，夫妻感情會變淡，終究感情是需要經營的。

3. 下焉者，不知不覺

有些父母帶子女上醫院精神科求診治療「慢性上網成癮症」，但當事人「自我感覺良好」。

三、麵包師傅吳寶春的看法

麵包師傅吳寶春成立公司後，也擔任烘焙比賽的評審，他對「態度」的看法如下。

「麵包師傅不是空有一身好本領就好，還須具備專業知識與好的觀念，佐以不斷地練習以及謙卑的態度，才能發現自己欠缺什麼。

一位麵包師傅能不能成功，開始的態度就已經決定了未來，因為師傅的『心』很重要。通往成功的路就像走在沙漠中，要相信自己能夠找到水源，相信會出現綠洲。在過程中，自己的個性是不是沉穩？思考模式的運作方式與邏輯如何？還到阻礙時能理出脈絡嗎？這些都是路上會遇到的挑戰。」（摘自《今周刊》，二〇一五年十一月十六日，第一〇一～一〇二頁）

表　妨礙人工作的負面人與事

得分	事	人
10分	吸毒	毒友
9分	賭博	賭友
8分	玩女人	砲友，包括小三、外遇對象
7分	酗酒	酒友
6分	玩電玩上癮 （一天2.5小時以上）	
5分	滑手機上癮 （一天2.5小時以上）	Line上的酸民 臉書上的粉絲
4分	抽菸過度 （一天1.5包以上）	
3分	玩物喪志	
2分	拖延成習	
1分		

3-4 不患手機成癮症

投資自己最大的「支出」在於時間，其次才是錢。因為以學習英文、專業知識來說，書錢很便宜，最主要的是要花時間下去。同樣的，許多人會說：「我時間不夠」。本單元說明有計畫分配時間，這跟「計畫性消費與投資目標」的道理是一樣的。

一、「沒時間」是沒能力人的口頭禪

「財富」有先天分配不均，但是「時間」卻是公平的，不論富人、窮人，每天都有二四小時。在每週上班五天情況下，每個人每週都有二天休假，一個有心自修（自我學習）的人，為了避免在家有電視、電腦上網、室內電話、朋友與家人的分心，會選擇去圖書館讀書。時間是自己找的，周末讀在職碩士班的人，有二年其家人必須忍受其「上山練功」，以追求「更上一層樓」。

二、電影〈鐘點戰〉

在美國科幻電影〈鐘點戰〉中，全世界唯一的貨幣是「時間」，譬如你今天上班八小時，獲得「二十小時」（或一千二百分鐘）；你女兒出門上學便要「四〇分鐘」時間，你可以藍芽近距離無線傳輸給她，給她搭車、吃午餐等。

這是「時間即金錢」的最具體寫照，而「時間即生命」最貼切的寫照，即是二〇〇五年美國加州柏克萊大學畢業典禮時，邀請蘋果公司董事長史蒂夫‧賈伯斯（Steve Jobs）演講，他以「生命、愛、死亡」為題，其中「死亡」指的是從他一七歲起，每天早上起來照鏡子時都會自問：「如果今天是你人生最後一天，你會如何過？」死亡的迫切感，讓他聚焦時間的運用。

年輕人錯覺之一在於「來日方長」，因為薪水低，所以空閒時間機會成本低，浪費時間也浪費不到多少錢。忘了今天空閒時間去提升能力，便可以未來快點升官，賺到更多錢，實現人生目標。

三、兩個「時間」賊：狐群狗黨跟上網

●狐群狗黨：人是群居動物，透過跟朋友相處，會帶來愉悅感，透過傾訴可以卸壓，甚至益者三友「友直、友諒、友多聞」。看似朋友數目如同俗語「韓信點兵多多益善」所說的，愈多愈好。二〇一四年七月，日本《產經新聞》報導，研究人員中野信子研究報告指出，一個人如果朋友交得太多太濫，將來成為有錢人的可能性幾乎為零。有三支手機以上、太在意別人對自己的觀感、覺得沒有朋友日子就很痛苦、快過不下去的人，將來成為有錢人的機率只有五％。

●上網：從二〇一三年起，年輕人上網聊天、滑手機時間超越看電視，之前，早已超越讀書（包括報紙刊物）。滑手機、上網太浮濫的缺點很多，媒體大量報導，想要職場、投資成功，可能要做到「丟掉、停機」等。

表　朋友浮濫的缺點

程度 資源	朋友浮濫	正確之道
一、時間	太在意朋友的人，很容易喪失掌控自己時間的能力，因為要滿足朋友的需求，就可能犧牲自己的原則與重要順序。	實踐家教育集團全球總部營運長郭騰尹有智慧型手機，但一直沒有用中國大陸最熱門的微信，也不常把自己的手機門號留給別人，他認為如果成千上萬名的學員都用微信找他，大概他一天什麼事都不用做了。他習慣請大家用新浪、微博寄電子郵件給他，這樣才能確保他時間的自主性。
二、錢	多交朋友是一件好事，但是如果靠金錢維繫友情，帶著太多的功利性，可能結局會讓你大失所望。加上好面子的心態因素，車子要買最好的、錶和手機也要是名牌、拿的包也是萬元起跳的精品、喝的酒也挑最貴的，點的菜也以排場檔次為優先考慮，如流水般的花費，除非口袋真的夠深，要不然賺錢的速度，永遠跟不上花錢的速度。而為了維繫在朋友間的良好形象，有些人只好靠借錢應急度日。	一位真正的朋友，不會只約你吃吃喝喝，也不在意你的房子有多大、車子有多氣派、吃的有多高端大氣上檔次。你們也不一定會常常碰面，但是你會感覺到只要在一起時，彼此真誠的關心就能滋潤彼此的心靈，才是朋友的真諦。

四、真正朋友的指標

由上表可見，朋友數目太浮濫的結果。而什麼人是真正朋友，至少有兩個指標可以參考：

1. 知道你失業而三餐無著，主動借你10萬元的人。
2. 知道你住院，來探病的人。

表　滑手機、上網成癮的後遺症

一、理財方面	1. 自我成長	人的一天就只有24小時，顧「臉書」（FaceBook，FB）就顧不了讀書，尤其是透過學習以追求自我成長。
	2. 投資	「你不理財，財不理你」，投資需要學習、勤於思考，才能「看到未來趨勢」（本書第2課），這些需要你靜下心來專注。
二、精神方面	1. 上網成癮症	一旦沒看手機、沒有上網，就有不安全感，問題嚴重的有到「強迫症」程度，需要接受精神科醫生治療。
	2. 朋友	太習慣「線上」溝通，往往阻隔面對面溝通，幾位朋友一起吃飯，大部分人都在滑手機，不知道該如何聊天。
三、健康方面	1. 性命、健康受損	⑴ 手機低頭族在馬路上行走很容易不注意路況而發生車禍。 ⑵ 電腦上網族會因上網太久，而缺乏運動，身體太差，吃太多以致過胖。 ⑶ 倚賴上網，會使記憶力變差。
	2. 眼睛黃斑部病變	因看手機、電腦螢幕過久，以致眼睛黃斑部病變，眼睛退化，嚴重者必須開刀治療。

3-5 努力耕耘，收穫滿滿

「一分耕耘，一分收穫」；「No pain，no gain」

中國由於「人多田少」，平均每人收穫少，為求養家活口，所以「日出而作，日落而息」，養成勤勞習慣。

歐美等生活於溫帶地區，冬天四五個月，一年農作天數有限，也養成「勞動是美德」。

有些熱帶國家的人民，一年四季如夏，森林中取得食物比較容易，比較只需要花一點時間便可生存；但談不上「好」。

一般來說，「遍地缺黃金」、工作極少的國家，大都需要你夠努力才能把工作做好，要非常努力提升能力等才能往上爬。

一、二成人的本性：好逸惡勞

有一項英美學者的研究指出二成的人們是「好逸惡勞」的，寧可挑「輕鬆卻低薪且無聊」的工作（例如藝廊內的巡察人員），但這些人「知行不一」，在問卷中表示比較喜歡參與性高的工作。這些人願意接受藝廊的較低待遇工作，研究人員認為「厭惡費力」現象，原因不明；研究人員猜測一般人可能直覺地拒絕費事的工作，沒有真正去想，做這些事情可能會帶來很大的樂趣。（部分摘自《哈佛商業評論》，二〇一三年一一月）

二、你會希望一夜致富、一夕成名嗎？

許多人工作累了，總希望下列「美事」出現：

- 娶位千金小姐，節省二十年的奮鬥；
- 中彩券三億元，可以不用再為「五斗米折腰」；
- 一夜成名天下知，過著光鮮亮麗生活。

美國電影「神鬼願望」，透過男女主角精練的演技，把個跟「用靈魂跟魔鬼交換七個願望」（俗稱出賣靈魂）的老眼，貼切的透過七個願望：成名、致富、有權等，終有「不從人願」的地方。

劇中男主角艾略特體會到：「人生最重要的不是你完成什麼，而是你如何完成」。

劇中魔鬼說：「一切善與惡，上帝與魔鬼，天堂與地獄，都是自己的抉擇」。

三、時間管理，把握當下

在世界銀行總裁金墉小時候，他母親常朗讀美國人權領袖馬丁路德‧金恩博士的的著作給他聽。在《伯明罕獄中信》裡，金恩博士提到了把握當下，立即改變現狀的重要，深深影響了他。因為，我們都無法預料，未來會發生什麼改變。長大後，他努力把這份善用時間的迫切感，發揮到工作上。（摘修自《天下雜誌》，二〇一一年七月二四日，第二四頁）

蘋果公司創辦人暨董事長賈伯斯二〇〇五年在美國加州柏克萊大學畢業典禮的演講，三個忠告之一便是「死亡的恐懼」，年輕以來由於擔心死亡不會何時會降臨，因此總是努力掌握時間於工作、過生活，不虛度。

人們對工作的態度調查小檔案

- 期間：2012年
- 對象：英國人
- 地區：英國
- 主辦公司：英國斯特陵大學（University of Stirling）的大衛・康莫佛（David A. Comerford）、美國杜克大學（Duke University）的彼得・烏貝爾（Peter Ubel）。
- 調查方式：大學的行為研究室
- 調查結果：有二成的實驗對象選擇擔任藝廊的巡察人員，但這薪水較低

HBO〈神鬼願望〉（Bedazzled）電影小檔案

- 男主角：布蘭登・費雪（Brendan Fraser）飾艾略特・里察
- 女主角：英國名模伊麗莎白・赫莉（Elizabeth Hurley）飾「魔鬼」
- 電影公司：美國20世紀福斯公司，2000年
- 主要劇情：美國加州舊金山市的一家電腦公司的宅男型客服人員，暗戀女同事愛麗生，不敢表白，但週末等又孤單寂寞。「魔鬼」給他七個願望的權力，他許了五個，但都有些瑕疵，他又反悔，再許下一個願望，故事又再重演。

3-6 一萬小時的練習

大部分工作都有點技藝性質，以室內裝潢的油漆來說，頂級油漆師傅跟初級師傅的成果一眼可看出，頂級油漆師傅日薪破萬元，但油漆「工」一天工資約二千元。

一九七〇年以前，還有學徒制時，「三年四個月才可以出師」，由學徒變成師傅，背後要學技術（例如打鐵舖、彈棉被）不用花多長時間，還包括店舖打掃、打雜（收拾、保養器具）等。德國在國中、高中的職業學校（類似台灣國中的技藝班、高工）也是如此。

本單元以《異數》一書為基礎，說明工作技能的提升，需要持續努力。

一、看別人做好像很容易

看一些魔術師表演一些簡單魔術，例如把絲巾變出來又變不見，看似簡單，自己下場練習卻發現「看似簡單，要做好卻不容易」，許多魔術師一個簡單魔術常須三個月的重複練習。

《自慢》系列書的作者何飛鵬在《商業周刊》的專欄「商場自慢塾」中一篇「千里之行，始於足下」的文章中：

「我們常常羨慕別人有輝煌的成就，而心嚮往之，只是永遠無法企及。我們永遠只看到結果，而看不到背後艱苦的學習過程，也不知道要從頭開始，一步一步的學習、練習。

就算知道要從頭開始，一步一步的學習，我們也這樣照著做，只是我們通常敵不過歲月的折磨，少則一週、一個月，長則一年、兩年，終究無法持之以恆而半途而廢，一切努力，化為烏有。」（摘自《商業周刊》，一三九四期，二〇一四年八月，第一八頁）

二、老嫗皆知的書《異數》

美國作者葛拉威爾的《異數》一書，把「功夫下得深，鐵杵磨成繡花針」的古老智慧，透過披頭四樂團、德國作曲家莫札特等各行各業成功人士，得到一個關鍵數字「一萬小時的練習」。

1. 適用於高複雜的工作

任何複雜認知工作，都要經過不斷練習，才能成為頂尖高手；例如鋼琴，小提琴，運動（足球，籃球）。作曲，下棋，無一不是。

美國銷售顧問荷姆斯（Chet Holmes）說：「我終於知道，成為空手道高手的關鍵，不在於學會四千個招式，而在於能持續反覆地練習少數幾個招式四千遍。」

2. 一萬個小時的練習加上「專注」

美國佛羅里達州州立大學心理學教授安德斯・艾力森（Anders Ericsson），長期研究一萬個小時的練習跟工作專業能力之間的關係。他指出，機械化的重複動作無法提升工作表現，練習的過程中是否全神貫注，才會造成關鍵性的差異。

3. 「差不多」就很容易自滿

很多時候，人們覺得已經「做夠了」、「會了」、「厭倦了」，由於對工作的自我要求只停留在「差不多」、「可以了」的程度，很容易因此感到枯燥，不再花時間與方法突破，功夫就一直停留在這「高原期」。

三、貼一百個OK繃可以成為日本料理師傅

二〇一五年六月一〇日，許多媒體都報導雙胞胎兄弟「學日本料理的精神」。一九九八年次的金川凱、金川茗就讀高雄中正工商餐飲科二年級，從高一就到三井餐飲公司實習，每月領二萬一千元津貼。兩人國中皆唸技藝班，金川凱上餐飲班、金川茗唸汽車修護班。

金川茗認為，實習過程很辛苦，他們兄弟體會到只有不斷練習，才能把生魚片切到非常薄，每天實習結束後，常會自動留下來練習刀法。他們有個疑問，什麼時候才能像師傅一樣刀法純熟？師傅的答案是：「當你手上貼過一百個OK繃後，就差不多了。」

實習二年，金川凱手被刀子切到，已貼過七個OK繃，金川茗貼過六個，離一百個還有很遠的距離。他們表示，會繼續努力，畢業將讀三井和德霖學院合作的產學專班，就可成為三井幹部，大展鴻圖。（摘修自《中國時報》，二〇一五年六月一〇日，A6版，林志成）

《異數》一書　小檔案

（Outliers）

- 作者：麥爾坎．葛拉威爾（Malcom Gladwell），加拿大多倫多大學歷史系，〈紐約客〉專欄作家
- 出版時間：2000年
- 出版公司：時報出版
- 主要重點：許多人都以為成功的人大都靠「天份」，但本書以非常多成功人士（例如英國披頭四樂團等）為例，說明成功人士在成功之前早已經過10000小時的練習。

3-7 誠信——兼論職場倫理

你有沒有看過美國電影「超級選秀日」？表面上看似女主角為了男主角不公佈辦公室戀情而賭氣，或是男主角的母親跟男主角鬥氣的親子問題。但是拉回主軸，一直在於男主角布朗隊總經理設法確認二〇一四年選秀狀元波歐・卡拉漢是否有說謊成習，以致無法跟美式足球隊友間信任、合作。

一般人以為球員最重要的是「難得一身好本領」的球技，這部電影突顯出以團隊合作才能打勝戰的球隊中，「說實話」才能獲得隊友基本的信任，互信是合作的基礎。

一、人品與才能孰重？

偶爾看連續劇，演到有些老闆遇到底下的悍將有手腳不乾淨毛病，是否該解雇他呢？

但又愛惜其才華（尤其是業務力）。看似「才」與「德」變成「魚與熊掌不能兼得」。

這在台積電不成問題，董事長張忠謀直接管理協理級以上的高階管理者，其中「天條」之一是「一說謊便解雇」。有時，有些人認為生活中說個小謊「沒什麼大不了」，例如上班遲到賴給「交通壅塞」，真正原因是「自己晚起」。張忠謀在美國唸碩博士、大企業（尤其是德州儀器）工作二五年，深受美國人對誠信的薰陶（詳見表第三欄），誠實是做人基本的道理，一個人不老實，就可能「把公司當提款機，中飽私囊」。

二、職場倫理中最重要、最基本的行為：不說謊

二〇一三～二〇一四年台灣食安事件頻傳，政府越來越重視公司（尤其是食品業、餐廳）是否在產品面作到「童叟無欺」；電子業也頻傳傳員工帶「槍」投靠，聯發科、台積電對「叛逃」員工「告到底」。

公司越來越重視員工的「職場倫理」，在員工的僱用契約中等都加入相關規定。公司裡各種資源多，很像兒童在糖果店中上班，到處都是誘惑；有時，自以為偷吃一顆糖、偷帶一包糖回家，也不會有人知道。

許多公司寧可聘用「中等資質卻守規矩的員工」，也不願聘用「上等資質卻不守規矩

的員工」，因為引狼入室的結果很慘。

三、公司所欲，常在我心

「誠實是最佳政策」，這句美國俚語，要做到並不容易，「認錯」（例如「用過期食材做食品」）是要付出代價的，犯錯的員工可能會被解雇。

許多公司都會原諒員工疏忽所犯的「中」錯（即無心之錯），但比較不會原諒有些員工犯錯後說謊、不認錯，因為問題不在於犯的錯有多嚴重，而是「說謊」是大錯、不能原諒的。

表　員工誠信準則

層面	台灣	美國公司
一、董事會	董事長把自己的資產高價賣給公司以圖利自己	給自己高薪，俗稱「肥貓」
二、總經理	在外開公司，再低價向公司買貨，賺差價	租飛機、名車，住五星級飯店頂級套房
三、功能部門 1. 核心活動		
(1) 研發	帶公司研發「營業祕密」投靠對手公司	
(2) 生產	• 同上 • 洩漏採購底標 • 偷工減料 • 剝削、欺騙客戶	
(3) 業務	• 捲款潛逃 • 把公司客戶帶走，自己在外開公司 • 盜賣客戶資料	報公帳吃喝，俗稱「在職消費」
2. 支援活動		
(1) 財務部	盜領公款	
(2) 人資（HRM）	出售關鍵員工資料給對手	
(3) 資訊（MIS）	出售客戶資料	
四、一般員工		
1. 錢	浮報費用（加班費、出差費），中飽私囊	
2. 物	用公司電腦上網玩遊戲、用列表機列印、拿公司文具回家	出差，住在親朋家，但卻報住宿費
其他	上班兼差、遲到早退、請人打卡	上班做自己的事

HBO〈超級選秀日〉電影小檔案

- 男主角：凱文・科斯納飾桑尼・威佛二世，布朗隊總經理
- 女主角：珍妮佛・嘉納飾愛莉，是布朗隊的預算控制員，桑尼的女朋友
- 電影公司：Summit Entertainment
- 主要劇情：美國俄亥俄州克里夫蘭市布朗隊2014年選秀，桑尼・威佛二世沒有選2014年選秀狀元的波歐・卡拉漢，因發現他至少有三次說謊，且要他吐實，他仍說謊。美式橄欖球賽需要團隊合作，隊員間的誠實才能合作致勝。

3-8

工作挫折帶來的正面力量

在工作時，將或已經沒有達到「目標」，俗稱工作挫折（frustration）。本單元用廣角鏡頭跟你一起來看，工作挫折的原因有三，依序說明。

一、正常情況，你認為是挫折，別人認為是正常

你知道非洲草原之王、萬獸之王獅子的狩獵成功率多少嗎？約一五%，甚至有些獅子狩獵不成，被獵物角頂到受傷，一天就死了。豹的狩獵成功率四成，可說是非洲大型掠食動物中狩獵成功率較高的。

表中，籃球、職棒選手成功率也一樣低於五〇%。

套用在公司裡，便不需那麼「完美主義」，否則過嚴格要求自己，適得其反；同樣，

對部屬「求全責備」也是無謂的折磨。

二、運氣，就碰到了

由表可見，碰到「奧客」、小人型的同事與「悍主管」（或「慣」主管），就當成人「秀逗」了。機器那麼精良都會當機，更何況人的情緒呢？

慈濟功德會的證嚴法師有句話：「不要把別人一分鐘的謾罵的話，重重的放在心裡那麼久」。學會「忽略」（選擇性遺忘）是不容易的，連「遺忘」都必須學習。

三、能力不足的工作挫折

在職場中須更注意的是自己能力不足所造成的工作挫折，針對「努力不夠」一項不談，只談「能力不夠」一項。

1. 短期能力不足，歐普拉建議

二〇一三年五月，美國「媒體女王」、「脫口秀女王」歐普拉受邀去哈佛大學畢業典禮演講，之前，比爾．蓋茲、《哈利波特》作者羅琳、賴比瑞亞女總統瑟莉芙，和CNN知名主播札卡利亞皆來過。

她演講內容主軸跟其書《關於人生，我確實知道——歐普拉的生命智慧》（天下文化，二〇一五年四月）其中一個重點相同。

2. 承認自己的不足

「人生沒有『失敗』這回事，失敗的出現，其實是為了讓我們換另個方向，再試試看。

當你掉入人生谷底時，痛苦是難免的。沒有關係，就給自己一點時間，感嘆失落吧。重要的是，你要從每次的錯誤中，學到教訓。因為人生的每個經驗、遭遇和失誤，都是為了引導和鞭策你，成為一個更好的自我。」

3. 長期能力不足，準備好再出發

別一心只想登上高峰，卻忽略有山可以爬，就值得感謝。記取教訓還不夠，你必須找對下一步，關鍵就是要培養出一套道德和情感的內在導航系統（GPS），來告訴自己該往哪裡走。」（摘修自《天下雜誌》，二〇一三年六月一二日，第一一七頁）

表　工作挫折的原因與因應之道

項目	說明
一、能力	
1. 能力	(1) 長期能力不足
	是否要換工作，因為自己不適合這工作
	(2) 短期能力不足
	可以透過訓練、學習等，提升本職學能
2. 努力	有些挫折是自找的，例如
	● 一些疏忽
	● 一時偷懶
二、運氣	1. 顧客
	有些顧客因自己身心緣故，成為「奧客」，會在臉書上打你臉，在顧客滿意調查表上投訴你（稱為客訴），可說「不白之冤」。
	2. 同事
	● 有一篇文章談到「不知道什麼原因（白話的說「莫名其妙」），十個人裡面就可有兩人討厭你，稱為你在職場中「犯小人」
	● 不要太「完美主義」
三、正常情況	1. 運動選手的成功率
	● 美國職業籃球功夫皇帝喬丹投球命中率0.55，白話說投二中一
	● 美國職業棒球的安打王鈴木一朗打擊率0.38
	2. 公司業務代表的成功率
	● 老鳥業代「四比一」，拜訪四位顧客才有一位買單
	● 菜鳥業代「九比一」

經典人物歐普拉（Oprah G. Winfrey）小檔案

- 出生：1954年，美國密西西比州
- 現職：歐普拉電視網（OWN）創辦人
- 學歷：田納西大學傳播系畢
- 經歷：電視新聞主播（1986～2010）、「歐普拉秀」主持人
- 值得參考之處：在1998年獲艾美獎終生成就獎、《富比世》雜誌評選她為全世界最有影響力的人之一

3-9 恆心，堅持下去的紀律

有句埃及的諺語：「人怕時間；時間怕金字塔」人的壽命一百年，經不住時間的考驗；金字塔四千年，時間過去了，金字塔仍屹立。人的壽命雖有限，但只要有恆心、毅力作件「大事」，終究會「名流千古」百年、千年。一般的「大事」都不是一天可以完成，積沙成塔，滴水穿石，就是靠「長期」磨出來的。

一、人羨慕別人「一夕成名」、「一夜致富」

媒體喜歡報導「一夕成名」、「一夜致富」的人，用童話故事的「灰姑娘」來形象，這很有賣點。

Y世代（一九八一～二〇〇〇年出生的人）又稱「滑世代」，滑鍵盤、滑螢幕打電玩（含手機遊戲）慣了，一分鐘就有「過關」等快感。外界的刺激，把一些四十歲以下的人變得比較短視近利了。

由表可見，在投資、工作兩方面，大部分人都希望賺「快錢」（quick money），不喜歡「曠日費時」的慢錢，但「快錢」的後遺症如下。

1. 一夜致富的可能後果是「中獎詛咒」

一夜致富的新聞例子便是中彩券，花一百元成為億元富翁，英國彩券發行史較長，有學者研究三成以上人有「中獎詛咒」，會發生跟配偶離婚、花天酒地、辭掉工作，把錢敗光，比中獎前悲慘（例如成為街友）。

2. 一夕成名的可能後果是「少年得志大不幸」

一夕成名的藝人因為名來得太容易，不會珍惜，因此比較會大頭症，記者稱為「耍大牌」、「難搞」，把導演、演員、記者，甚至支持者都得罪光了。一旦人氣消褪，會出現「來得快，去得也快」的現象。

二、拉森的研究：熬得住痛苦、孤寂者「勝」

挪威的心智訓練師艾瑞克・伯特蘭・拉森（Erik Bertrand Larssen）寫了一本書《跟自己拚了》，他對運動選手的觀察，得到下列結論。

1. 行百里者，半九十

一般選手無法拚十年，常常半途而廢。

能一〇年持續保持專注的職業運動選手挺過初期的辛苦與挑戰，日後就能得心應手、駕輕就熟，將在生涯中取得爆炸性的突破。

2. 道理是相同的

對於職業運動員的觀察，也適用於一般工作方面，一開始須花上幾個月才能做好一項工作，持之以恆終將獲得回報，延遲享樂與「千錘百煉」意志力，在生命所有環節中，都是極其寶貴的資產。（摘修自《經理人月刊》，二〇一五年一月，第六五頁）

三、培養恆心的第一招，習慣成自然

人每天例行處理生理上的事情，往往看到背後的好處，而不會覺得煩。

● 早中晚刷三次牙，為的是護牙、口氣清新；
● 至少上大號一次，如釋重負，有「出」才能進，才能享受「能吃就是福」。一般人每天小便五至七次。

以宇瞻科技總經理張家騉來說，他有五個工作與生活的習慣保持自律，一個是「作息一致」，按照生理時鐘的狀況，盡可能保持正常作息。同理，根據工作性質，分配上班時間；需要決策的動腦、預算決議、產品討論等工作，就安排在頭腦較清醒的時間。

出國時，他盡量維持在台灣時的作息內容，像是一定要吃早餐。（摘自《經理人月刊》，二〇一五年一月，第一〇三頁）

表　人生中的快錢與慢錢

項目	快錢	慢錢
一、工作	一夕成名 有些演員（藝人）比較容易一夕成名，例如電影「那一年我們一起追的女孩」中的男主角柯震東，至於女主角陳妍希時年27歲，之前演過電影「聽說」的女主角姐姐。	1. 藝術家 以歐洲畫家來說，達文西、畢卡索知名度高，原因是壽命80歲以上，很有時間磨練功力，再加上作品多，其中一些就容易傑出。 2. 大器晚成 大部分上班族的職場工作都是倒吃甘蔗，越吃越甜，其中之一是到50歲左右爬上工作高峰。
二、投資	一夜致富 1. 中彩券 50元可能中6億元 2. 買股票，尤其是期貨 一次「賭」對了，期貨報酬率可達數十倍、百倍，只花3或6個月，10萬元本金有可能暴賺億元。	全球第三富豪華倫·巴菲特致富原因有三： • 智慧：慧眼獨具，看出股價低估股票 • 膽識：逢低承接人棄我取 • 長期投資：這很有恆心

3-10 恆心造就鈴木一朗的安打王紀錄

美國電影很喜歡以橄欖球、足球、籃球、棒球選手為背景，美國一般電影也喜歡在人物對談中，討論那位棒球選手的上場表現。

本單元以日本籍美職棒選手、安打紀錄保持人鈴木一朗為對象，重點不在他二〇一二年參加洋基隊年薪一七〇〇萬美元，或是他的安打王紀錄，而是他一路走來始終尊重自己的專業、尊重紀律。鈴木一朗的運動風範超越球技的層級，在許多球迷心中，達到了「神」的境界，受到日本人、美國人甚至全球運動迷的景仰。

套用Unit 2-2「富爸爸十個致富觀念架構」把鈴木一朗的棒球一生，整理於表。

至於二〇一六年一月加盟美職邁阿密馬林魚隊的陳偉殷，創下華人運動員史上最高薪。

經典人物鈴木一朗（Ichiro Suzuki）小檔案

- 出生：1973年，日本愛知縣，180公分，77公斤
- 現職：美國邁阿密馬林魚隊（2015年起）
- 學歷：日本愛知工業大學附屬名古屋電氣高中
- 經歷：美國職業棒球聯盟紐約洋基隊（2012年7月23日～2015年）外野手；美國西雅圖水手隊（2001～2012年7月）
- 值得參考之處：

2004年單季擊出262支安打，打破了喬治・西斯勒在1920年創下的單季257支，84年無人能超越的安打紀錄。在美日職棒共擊出2000支安打。

2006年參加第一屆世界棒球經典賽，幫助日本得到冠軍；美國大聯盟成功盜壘200次，美日職棒共成功盜壘400次。

2008年美日職棒共擊出3000支安打、成功盜壘500次，鈴木一朗持續8年超越200支安打，追平威利・基勒在1901年創下「連續8年200支以上安打」的紀錄。

2009年參加第二屆世界棒球經典賽，幫助日本蟬聯冠軍；擊出美國大聯盟第2000支安打。

2010年連續10年每年200支安打，為美國職棒史上紀錄保持人。

2015年生涯安打數4200支，全球第二；其中美國職棒2935支。

表　鈴木一朗的棒球一生

富爸爸 10個致富觀念	鈴木一朗的情況
1. 欲望及野心	小學六年級的時候，鈴木一朗寫作文「我的志願」，表明要做職業棒球選手。 1992年　加入歐力士隊 1998年　創下日本職棒史上第一位連續五年獲得打擊王的紀錄 1999年　擊出職棒生涯第1000支安打和第100支全壘打 2001年　加入美國西雅圖水手隊 2012年　加入紐約洋基隊穿上紐約洋基隊的條紋球衣，更是熱愛棒球的鈴木一朗人生中最大的夢想之一，熱切盼望能夠在退休之前，拿到一枚世界冠軍戒指。
2. 看見未來的趨勢	在小學時便基於興趣喜歡打棒球，他看得遠，知道興趣加上職業相結合便可以有熱情，他認為日、美職棒前景看好。
3. 學習	苦練加上天賦，鈴木一朗打擊超強，守備能力也是一絕，尤其是他的臂力，他還享有「強肩傳奇（日語）」的「雷射肩神話」，就是來自於幼年的訓練。
4. 勤於動腦	在棒球比賽中，上壘後的盜壘需要「膽大心細」，要看準時機，以免被刺殺。
5. 勇於冒險	有些日本選手不到美國打職棒，因為人生地不熟，最重要的是競爭激烈，有30隊，而且球員來自全球。以2001年鈴木一朗剛加入西雅圖水手隊，有些人還懷疑他是否會水土不服？他打出全球季242支安打（大聯盟球員平均110支），當年就創下大聯盟有史以來，第一年新人最多的安打紀錄，而且以27張選票（全部28張），奪得職棒聯盟新人

	王、以及當年的最有價值球員。鈴木一朗加入，立刻讓水手隊創造出116勝，打破了球隊成軍95年以來的歷史紀錄。
6. 遠離負面的人與事	許多職棒選手都有「酒色」或爛用藥物、大頭病（自傲而疏於練習或耍大牌）問題，往往負面新聞出來後就身敗名裂。鈴木在日、美打球時，皆依球團的規定，集中住宿。
7. 努力	24年的職業生涯中，每場比賽他一定提前兩個小時到場，做足賽前練習，揮棒300次；不上場時一定在旁拉筋熱身，隨時處於備戰狀態。 「如果大家認為不努力也有成就的人是天才，那我不是天才；如果努力之後完成一些事的人被稱為為天才，我想我是天才。」鈴木一朗說。這位具有爆發力的天才型運動員，靠嚴謹的紀律與努力，才能保持一貫的高水準表現。
8. 誠信	2001年鈴木一朗加入美國西雅圖水手隊，簽約期10年，等到合約將要屆滿，而且洋基隊也剛好需要一名右外野手，他才向球隊表達，並且立即獲得兩邊球團的同意。
9. 面對挫折的能力	職棒是殘酷的競賽場，久了難免有低潮，給自己放鬆的藉口。鈴木一朗兩度代表日本參加世界棒球經典賽，並協助日本得到冠軍。2009年的世界棒球經典賽，他因為第一場球沒打出安打，獨自在球場練習兩個半小時、打擊兩百次，認真找回球感。
10. 恆心，堅持下去的紀律	在他小學三年級時，就已養成守紀律的習慣。一年360天，每天下午三點學校下課，就用指尖夾著本壘板（增強握球的力量）前往棒球場習慣。吃完晚飯之後，再到他家附近的「機場打擊中心」練習打擊，每天都打150球以上。

*資料來源：整理自乾隆來，「鈴木一朗：完成夢想就是累積微不足道的小事」，《今周刊》，2012年8月26日，第76～78頁。

第四課

訂定職涯目標與策略

4-1 如何衡量你的職場成就？

如何衡量台積電、聯電的經營績效？

在企管的「目標管理」管理技巧中，強調目標要越明確、可衡量才越具體，也才能做「數字管理」。

同樣的，如何衡量一個人在職場是否成功？這看似「公說公有理，婆說婆有理」的問題，本單元以兩個角度切入。

一、外控型的人在乎社會標準

大部分的人都是外控的性格，在乎世俗眼光、旁人指指點點，因此出外要打扮得漂漂亮亮的，是穿給別人看的，希望「穿出品味」、「穿出身價」等。

連穿個衣服都這樣「為悅己者容」，更何況是工作是為了馬斯洛需求層級的第二層「自尊」，俗話的說「有面子」。

1. 名車、豪宅與名牌以突顯身分地位

美國紐約市等許國家大城市都有同樣的街頭實驗，一位三〇歲男生假扮成遊民路倒，幾乎不會有人去關心；當他穿西裝後路倒，十位路人至少有四位路人會去關心。

世俗價值觀大都是「笑貧羨富」，有些父母把小孩送到「貴族」學校（主要是私立且學費高的中小學），便是希望有機會攀龍附鳳，或突顯自己有錢讓子女唸「貴」的學校。

2. 成功由別人界定

為了讓自己在父母（光宗耀祖）與家人（例如驕其妻孥）、鄰居、同學、朋友、同事與前有面子，於是必須「炫耀財富」，一九八〇年代是穿名牌服飾、一九九〇年流行開名車、二一世紀初流行豪宅；都比完了，二〇一〇年起，比子女唸美國長春藤名校碩博士，與自己的豪華旅遊（例如北歐豪華遊輪一〇日遊，團費三〇萬元，台灣一期只有一〇個名額）。

「活在別人掌聲中」，對社會不見得是壞事，人是社會化的動物，想在社會中「當老

大」的動機，會激勵許多人「向前衝」，社會就這樣進步了。但如此「忘了我是誰」（校園民歌，原唱王海玲），也讓有些人偏離自己的軌道，例如「悔叫夫婿覓封侯」。

二、內控型的人：追求理想

內控型的人佔人口比重二成以內，依馬斯洛需求層級的動機硬分成兩中類：第五層自我實現、第四層安全。

1. 馬斯洛需求層級第五層：自我實現動機

內控型的人主要是為了完成人生夢想，這分成兩小類。

- 公益

像蘋果公司創辦人史蒂夫・賈柏斯人生目標是「改變世界」，持續推出革命性產品iPod、iPhone、iPad，是千古罕見的企業家。

- 私益

私益型的自我實現動機的人會在乎「名」（成功一定在己，希望留名），也在乎物質生活。

2. 做自己的人

「做自己」並不容易，人大都有父母的期望，又怕妻小生活過不好，至少在精神、物質上要達到馬斯洛需求層級理論第四層級安全動機。

人天生稟賦（包括父母家世）、後天遭遇各不相同，職場是否成功，以是否達到自己設定目標為準。如同每個人下班後回家，每個人的家都不同，「回到家」便是成功。

「做自己」有可能笑罵由他，有時會被批評是「自我感覺良好」。

三、五十歲做分水嶺

《論語》〈為政〉篇中「三十而立，四十而不惑，五十知天命」，這可說是許多人職場的指北針，對於五〇歲的人來說，比較能體會職場「長日將盡」，能接受這一生職場「已到頂」，會找些理由，不會再苛責自己。過了五〇歲，有較高比率的人會由外控型的人變成內控型的人。

表　以「投入產出」流程詮釋人生的成功

人生過程 人的性格	投入	轉換	產出
一、內控組	伍仁傑說「盡心盡力，問心無愧」，通俗的說法是「盡人事，聽天命」	人生重要的是過程，反正「生不帶來，死不帶去」。	有達到人生的「理想」，死而無憾。 1. 例如，對社會有交代，常見的是「立德」、「立言」。 2. 例如活得快樂，妻賢子孝，此生無憾。
二、外控組	比較不接受「沒有功勞也有苦勞」	省略	以成敗論英雄，俗稱「成王敗寇」，常見是「立功」
1. 名	努力經營自我形象塑造（部落格、臉書）		常見的「名」如下： ● 在公司中，董事長、董事、總經理
2. 利	努力結交人脈、工作，俗稱工作狂		「利」包括兩種 (1) 年薪 (2) 財富，俗稱家產

4-2 為你的成功下定義——創新工場董事長李開復的經驗

如果人的一生是追求「快樂」（幸福），並不需要非常有錢，因為快樂是種心態，沒錢也可以很快樂，就是「窮開心」，像尼泊爾、菲律賓等人均總產值在一千美元以下，但人民卻「樂天知命」，屢屢在全球幸福指數調查中名列前茅。

在職場中受僱、創業，小至謀生之道，中至交友，大至實現人生目標，本單元聚焦在說明「活出自我」，才能「無憾」。

一、大樣本調查結果：為自己而活

在澳大利亞，有位醫院安寧病房護理師Bronie Ware，以其九年跟瀕死病患接觸的經驗，先在部落格上陸續發表文章，獲得很大迴響；後來把文章集結出書《瀕死病人的五大悔恨》（Top Five Regrets of the Dying）一書，依序如下。

- 活在其他人對自己的期待中，而沒勇氣活出自己想要的生活，為了迎合他人（包括父母、伴侶甚至子女等）或客觀因素，有太多的個人夢想胎死腹中或半途而廢。
- 花太多時間在工作上，每天的生活像是在跑步機上重複同樣的動作。
- 沒有勇氣表達自己的情緒和感受，害怕得罪別人。
- 沒有與老友保持聯絡，以致友誼中斷。
- 沒有讓自己活得更快樂一點，害怕改變以致讓自己活在熟悉的慣性模式中。

二、李偉文的「人生三問」

牙醫師、親子作家李偉文在「人生三問」中，他常提醒二位女兒，在找尋生命呼喚或生涯職志時，可以用三個問題來回答。

- 假如你不用顧慮任何人、任何事，現在最想做什麼？
- 什麼事情使我覺得很感動？
- 什麼人令我羨慕？

這些問題要經常自問，因為答案會隨著個人成長而改變。

常常問自己「人生三問」，可以幫助我們把「想」做的事情，變成「要」做的事情，以及「正在做」的事情，活出快樂真實的人生。（摘自《商業周刊》，一四三三期，二〇一五年五月，第二四頁）

三、知名人士為「貢獻」等的詮釋

許多五〇歲以上的人士一路走來，累積了人生智慧，足供年輕人參考。

1. 雲朗觀光公司台灣總經理盛治仁的看法

「多數人汲汲營利追求的目標主要是名利、權力和影響力，這些都沒有不好，也是激勵我們奮發努力的動力之一。但是如果我們讓這些世俗的目標框住了，而沒有活出自己內心想要的生活價值，終究還是空虛的。就算有一天得到了名利或權力，也不會因而感到滿足。而且在過程中，還可能犧牲了各種更重要的人際關係，沒有好好地陪伴自己的家人和親友，就更得不償失了。」（摘修自《聯合報》，二〇一五年五月四日，A15版）

2. 中國大陸創新工場李開復的看法

二〇一五年八月二三日，TVBS五六台「看板人物」節目中，主持人方念華訪問中國大陸創新工場董事長李開復，他表示他的人生目標是「追求最大影響力」，為了達到此目標，連回答外界的電子郵件都花很多時間。常常晚上一一點回，早上五點也回，有些人懷疑：「李開復不睡覺嗎？」他的上網搜尋人數隨時有一五〇〇萬人，二〇一三年美國〈時代雜誌〉選為全球最有影響力一百人之一。

二〇一三年九月，醫生檢驗出他罹患淋巴癌第四期，有腫瘤二六顆。後來治癒，這對他衝擊很大，再加上佛光山星雲法師點化他：「追求名跟利一樣」，這讓他搞清楚「名」跟影響力的差別。針對工作選擇的抉擇，他認為「剔除名利等外界的考量，只考慮這真是你想做的事嗎？」

他留名只留在他在乎的親友等心中，至於「影響力」倒不必「有李開復的名字」，他決定墓誌銘就只有「名字，生死年月」。

3. 麵包師傅吳寶春的看法

「我常常在想像，自己生命的最後一天，會是什麼模樣和心情？我希望那個時候，自

已沒有留下遺憾，也不會放棄任何一個想要挑戰的目標。」（摘自《今周刊》，二〇一五年十一月十六日，第一〇二頁）

經典人物李開復小檔案

- 出生：1961年，台灣
- 現職：中國大陸北京市創新工場董事長（2009年起）
- 學歷：美國卡耐基・美隆大學電腦博士
- 地點：中國大陸北京市、上海市與美國加州矽谷
- 經歷：谷歌、微軟、蘋果公司（1994年）全球副總裁
- 值得參考之處：2014年9月拍攝〈向死而生〉30分鐘短片，2015年6月27日，在中國大陸上映，在騰訊視頻上可以看到。

4-3 一生四階段的工作考量比重

一個人工作年數約三五年，其中有許多機會，等你下決策，到底是向左轉還是往右轉，轉錯了，可能「失之毫釐，差之千里」。去什麼公司，擔任什麼職務，不是每個人能掌握的，但是只要「大方向」沒錯，「雖不中亦不遠矣」！

本單元把人的一生依時間分為四階段，以馬斯洛需求層級理論的五項動機為架構，說明可能所佔的比重，以供你參考。

一、簡單起見

為了簡化討論起見，我們作了二個簡單的假設。

1. 職場分四階段

由表可見，把工作三五年以上，以十年為一個階段來區分，個人可依自己的狀況（延畢、唸碩士、生病住院等）自行加減。

2. 以醫生為例

醫生這個專業工作，技術層次可以很深（例如器官移植），組織層級四個（依健保局區分，從診所到教學中心）、職務層級（住院、總、主治到主任醫師，另有教師職稱）。

3. 需求層級理論

把馬斯洛的五層需求層級分成二中類，一是「精神面」，一是「物質面」，物質面主要就是年薪，用以養家過生活。

二、第一個十年：二十三～三十二歲

大學醫學院畢業的醫生只要在醫院上班二年以上，便可開診所，但如果想在專業領域上有大師程度，則最好能進教學中心醫院。由表可見，此階段在考慮去那裡上班的因素如下。

1. 麵包佔五〇%

年輕時薪水較低，要還助學貸款、付房租甚至投資，會把「年薪」（錢）看得比較重。

2. 精神面佔五〇%

年薪不是惟一的考量因素，最重要的「能不能學到本事」，第一個十年就當你「付學費」累積實力、人脈，年薪只要生活過得去就好，這時候月薪低三、四千元，年薪少五、十萬元；到了第二個十年，便會「後發先至」了。

三、第二個十年：三十三～四十二歲

到這階段，實務經驗豐富，可以獨當一面，此階段對職務的考量如下。

1. 麵包佔四〇%

這時因成家，須買房、買車，支付子女養育費，支出頗大；可能財務負擔重，但「家累」大概就這十年。

2. 精神面佔六〇%

這是大部分上班族是否「飛上枝頭當鳳凰」的十年，只要有能力，近悅「遠」（指別家公司）來，這時，能有發揮的舞台最重要，而「舞台」常可能是公司內新事業部、虧損累累的事業部，或是外面新創立公司，營運風險較高，看你敢不敢「賭」。

四、第三個十年：四十三～五十二歲

絕大部分到職場第三階段，職位已到頂，有些人心理上「等待退休」。

1. 麵包佔三〇%

此時家庭財務壓力大減（房貸快付完、子女大學畢業）。

2. 精神面佔七〇%

此階段，比較能夠「奢侈」的談精神面，佔職務考量因素七成。

五、第四個十年：五十三歲以上

在六〇、六五歲退休年齡的規定下，五三歲以後的上班族如果能作主，許多人的打算都是「為自己而活」。

1. 麵包佔二〇%

有些人物把錢看得很重，一是多點錢，以備退休後「環遊世界」之用。有些人是為了送給子女一間房屋，因此還是「拖老命」的拚命做。

2. 理想面佔八〇%

這時「精神面」中的「自我實現」（即理想）動機所佔比重大增，多挑選一些能實現理想的工作，至於薪水高低不是問題。以醫生來說，有些醫生自費參加「路竹」（Roots）會等義診組織，到新興國家去當「十天」的史懷哲醫師。

表　人生四個階段的工作考量比重

單位：%

馬斯洛需求層級	23～32歲	33～42歲	43～52歲	53歲以上
1. 精神面	50	60	70	80
(1) 自我實現	20	30	40	50
(2) 自尊	30	30	30	30
(3) 社會親和				10
2. 麵包面	50	40	30	20
(4) 安全	10	10	20	20
(5) 生存	40	30	10	
說明	此階段「先蹲後跳」，犧牲一點薪水，就當成「付學費」學經驗，充實實務能力	此階段最重要的要有舞台以發揮實力，屬於職位衝刺期	職場邁向高峰	此階段是處於半退休狀態，可多花時間過自己的日子
以醫生為例	到教學醫院，跟教授學臨床再加上病人數多累積看診經驗	同左，或轉到三級醫院	此時已成名醫，各醫院爭相挖角	創業或「無國籍醫師」去義診
職位	住院、總醫師	主治、主任醫師	主任、副院長	

4-4 「勤於動腦」的職場策略

每次談到職涯規劃，總有一派「反主流」的說法，由最極端到一般程度說法如下，我們會唱反調。

- 人生無常，所以只要活在當下

我聽不懂這說法，以二〇一五年來說，女性平均壽命八三歲、男性七七歲，長壽是大趨勢，「少小不努力，老大徒『貧窮』」是許多人的寫照。活在當下的人會把錢花光、去迎接「我沒有明天」的死亡嗎？

- 「計畫趕不上變化」、「惟一不變的便是變」、「船到橋頭自然直」

我還是聽不懂，那你每天幾點去上班？工作進度為何？什麼時候結婚、買車、買房？人每天下四三個決策，大部分是例行性，背後便是有個大方向的想法。

講到職場「策略」，本單元是套用策略大師、政治大學講座教授司徒達賢對「公司策略」（corporate strategy）的定義，詳見表第一欄，我們沿用。

美國哈佛大學商學院教授克里斯汀生（Clayton M. Christensen）在學期的最後一堂課，和學生談人生，後來出書《你如何衡量你的一生》。他說：「人生這麼重大的事，不可能聽天由命。必須自己仔細思索，然後選擇與因應。」、「我們這一生究竟要為社會帶來什麼？」

一、成長方向

人們從小學開始，在父母、學校（適性揚才）的安排下，一步一步的由大到小，從國中、高中一類組到大學財金系縮小你的專業所學。

1. 從高中到大學，你一步一步決定行業與職業

結婚須要另一半配合，至於工作的規劃則很早，許多國中把學生分成一般班、技藝班（汽車修護、餐飲等）；到了高中也是如此。最後，逼得人選擇職業的便是高中分組：一類組（法商）、二類組（理工）、三類組（醫等）、四類組（人文等）。

到了大學，各系分工更仔細，甚至有學程之分，例如二〇一五年大學指考一類組第一

志願是台灣大學財務金融系，這主要指兩個「學程」。

- 財務工作

主要是培養學生畢業後到一般公司的財務部，許多大學生想盡辦法到大公司實習。

- 金融業工作

主要是培養學生畢業後到保險業、銀行業、證券暨期貨業，行政院金管會對金融業的從業人員要求認「證照」，包括明星、購物專家在購物頻道賣保單都要有保險相關證照。

許多大二學生開始被迫思考要不要讀研究所，依序兩個問題。

- 在國內或國外（美日）？
- 在國內唸，是推甄還是參加考試？

2. 新鮮人進到公司

大學畢業進那個行業、那家公司，大部分人都有了志願單，依有錄用的公司選擇志願較前的公司。

3. 二十六歲定下來

進社會工作二年後，大部分人終於穩定下來。到了三〇歲，會面臨表中「成長方向」

的問題。

● 要不要轉行業

例如由銀行業轉到一般公司的財務部；

● 要不要換領域

例如公司財務部，要不要切換到業務部等。

二、成長方式：人際能力導向

1. 人際關係導向

在公司裡，有些人光找人脈，例如「走後門」、「加入派系」，以求「朝中有人好作官」。跟對人，比較像坐直升機，但主管失勢有可能被拖累。

2. 能力導向

大部分人都是「一步一腳印」（step by step），憑實力、績效，獲得上級賞賜。

三、成長速度：快VS.慢

就跟在快速、高速高路上開車一樣，人在職場上的升遷有快有慢。

1. 快速升遷：隔島跳躍

在同一車道前面有車擋著，有些人就換車道；在職場，便是換到更高職缺的公司，「越換越高」，但也須擔心空降部隊「水土不服」等問題。

2. 慢速升遷：同一公司

大部分公司成長速度不快，主管缺就是那幾個，除非成立新事業部、分公司或國外分公司，在一個蘿蔔一個坑的情況下，大部分只好論資排輩的等，除非有特殊功勳才會被例外破格任用，不次拔擢。

表　職涯發展策略

大、中分類	小分類
一、成長方向	
1. 產業（或行業）	(1) 不同行業 (2) 同一行業，同一公司
2. 專業	(1) 第一專長 (2) 第二專長
二、成長方式	
1. 人際關係導向	(1) 加入公司派系 (2) 認事業貴人
2. 能力導向	(1) 拚學歷 (2) 拚證照
三、成長速度	
1. 快	(1) 跳槽、創業 (2) 在本公司：換部門
2. 慢	(1) 守得雲開見月來 (2) 一步一腳印

4-5 怎麼確定你走對路？

開車去陌生地方，縱使有手機導航也不保險，台灣的谷歌街景已自二〇〇六年來沒更新；有時，當你沒標示「汽車」或「機車」模式時，在新北市深坑區機車騎士很容易就上了五高，在雪山隧道前被交通警察攔下來，然後上電視新聞。

長程開車頂多五小時，人們常會設立里程碑，看看方向，速度是否正確。人生工作三五年，可能劃分數個階段，如何確定自己是在「正確地方、正確軌道」上呢？本單元分成兩種身分，八成是受僱者，二成是創業人士（含自營作業者），皆可分為「有自己目標」、「沒有自己目標」兩類，詳見表，底下說明。

一、走錯路

行政院國家發展委員會的人力資源處可說是國家人力資源政策的幕僚單位，為了了解人力資源的運用「品質」（失業率是人力資源的稼動率），於是會進行「學非所用」、「大才小用」的調查。

由電視新聞的報導會發現表中兩種人力資源運用品質極低情況。

二〇一五年八月，電視新聞報導一位唸電信經營研究所博士，畢業後回家接父母的煎餃攤。連父母都表示，早知道兒子只想做這事，那就不用省吃儉用、費盡心思的栽培他到唸博士。十月三十一日，《中國時報》報導中華郵政公司錄取二〇八六個名額，四萬人報名，有五個博士報考月薪三萬元的郵務士，另有二十六位博士生。

二、普通

文、法學院是就業色彩不明確的系，是否「學以致用」的爭議性不大；像「新聞挖挖哇」主持人之一于美人是中文系畢，教過補習班，因代班主持電視節目而踏上主持人這條路。

職場三五年工作，大部分人士都是「從做中學」。

三、走對路

在Unit 1-2中，我們曾說明有兩種職務的四五歲以上上班族，自我實現動機佔人數一〇%以上，他們的事業里程碑績效不一。

1.管理者

「管理者」指的「通才」，這在各行各業大都是指「理」字輩（襄理以上），佔公司人數約一五%：高階佔一%、中階佔五%、低階（課長到襄理）佔九%。

大部分的人就在這組織表上的「樓梯」一階一階往上爬，比較殘酷的是有些公司有「汰除制」，例如三位副總經理中只有一位升總經理，另二位則「優退」。有些公司對職級有年齡「潛規則」（不能明示以免年齡歧視）。

2. 專業人士

專業人士的專業承諾比較高，有些寧可放棄行政職位，專心於本行，例如有些名醫不接醫院行政副院長的工作，寧可在手術房精進手術技術，二〇一四年，中央研究院放寬院士標準，世界級專業技術也可，台積電技術副總林本堅當選首位學者身分以外的院士。

由表可見，各種專業的專業能力高低衡量方式不同。

表　職涯路正確與否的三層情況

職涯方向	說明
一、走對路	
1. 管理者	
(1) 名：職級名稱	30歲經理、40歲協理、50歲副總
(2) 利：年收入	30歲70萬元、40歲200萬元、50歲300萬元
2. 專業人士	
(1) 比賽	美髮、美勞、烘焙、調酒等都各有各的職業公會等比賽，大到全球，小至一國的一縣。
(2) 證照	許多職業都有證照，例如：律師、會計師、醫師等。
(3) 其他 ● 著作 ● 專利 ● 知名度	 這是教授等知識密集工作者常見的指標 這是研發人員最常見的指標 這小至臉書「粉絲專頁」的鐵粉人數，至部落格、推特的瀏覽人數（推特上稱為推友）。
二、普通	學以致用，平凡過一生
三、走錯路	嚴重學非所用 1. 博士 ● 去考鐵路局的道班工（國中畢即可） ● 接手父母的小攤 2. 醫生 不從事醫療服務相關工作

4-6 年輕人高失業率，許多是自找的

每次看到電視新聞、報刊報導「台灣年輕人（各國定義不一，一般指一五～二四歲，台灣指二四～二九歲）失業率是各年齡層最高的，例如一二％。每次的說法都一樣「學非所用」。

直到二〇一五年八月的一則行政院主計總處的報導，才豁然而解，大學畢業生高失業率大部分是「年輕人自找的」，這包括考公職（平均二・八次才考上，失業三年）、考證照（主要是律師、會計師），甚至遊學；但最多的是找不到理想工作（例如上市公司財務部且月薪二萬八千元以上）就說「待業」。

一、美國流行越早工作越好

二〇一四年一〇月，美國求職網路Next Avenue把網友的工作心得彙集為八個；其中有七個跟工作動機有關，我們依馬斯洛需求層級理論架構整理於表一。

二〇一五年七月，美國哈佛大學出版的《哈佛商業評論》以就業為封面故事，大篇幅的找幾個角度來說明大學生社會新鮮人的就業情況。其中一篇文章說明美國大學生畢業前，先實習，邊做邊摸索人生方向。

二、美國矽谷頭號人物的第一份工作

幾位矽谷頭號人物身價億美元以上，所有人第一份工作都是從基層做起，例如撰寫程式的工程師，甚至是送報生，但他們的共通點是懷抱熱情並專注技術，最終讓他們邁向成功道路。美國商業新聞網站Business Insider彙整幾位科技業巨星的首份工作，在表二中我們依人物姓氏字母排列。

表一　美國青年早早就工作

需求層級理論	舉例說明
五、自我實現	波蒙特的第一份工作是在工廠任職，如果繼續做下去，他可能就會變得跟在工廠上班的父母一樣，因此，秋季開學時他決定重返校園。 唐恩年輕時在保齡球館打工排瓶子，這讓他打定主意，不再做這種無趣又冗長的重複工作。 夏林建議新鮮人耐心尋找自己喜歡的工作，「工作應該是生活中最令人滿足的一件事，我大學畢業後換了三個工作都不喜歡，我之後愛上教書，就教了25年」。
四、自尊 以學習為主	傑克森的第一份工作是幫鄰居摘棉花，讓她對勞動工作有深刻體驗，也學會跟各種階層的勞工共處。 第一份工作是收銀員的泰勒認為，每個人這輩子都應該當當看收銀員、服務生和櫃檯賣票人員，「不論工作有多不起眼，都當作是學習」。 邁可・馬努斯10歲開始在上學前和放學後送報，他的建議是愈早開始工作愈好，多聽聽老闆和客戶的意見，體會工作讓你忙得團團轉的經驗，也能讓你體會，辛苦工作總能獲得回報。
三、社會親和	第一份工作往往是沒人要做的苦差事，吉爾特12歲在馬廄開始她的第一份工作，打掃馬廄辛苦，她跟同事發展出深厚情誼。她建議職場新鮮人，每個工作都有髒兮兮的一面，重要的是用什麼心態看待。
二、一、安全與生存	有些人的第一份工作的薪水可用「奈米」級形容，但有錢總比沒錢好。像是時薪1美元打掃學校的工作、時薪1.25美元的打字員，甚至小費加時薪僅35美分的洗車工作。特拉特的第一份工作是在電影院收門票，時薪2美元，逛街看到10美元的牛仔褲，他心裡想的是：「買這條褲子我要工作5小時！」

*資料來源：整理自《經濟日報》，2014年10月4日，專6版，楊宛鈴。

表二　美國科技業重事長或高階管理者的經歷

人物	二〇一五年職務	第一個工作
貝佐斯	亞馬遜董事長	貝佐斯高中暑期時在麥當勞打工，之後跟當時的女朋友合辦「夢想學院」兒童夏令營，每人收費600美元，結果只收到六名學生。普林斯頓大學畢業後的首份職場工作，是在國際貿易新公司Fitel擔任員工。
庫克	蘋果公司總裁	庫克的第一份支薪工作是在阿拉巴馬州的家鄉擔任送報生，進入科技界前曾在造紙廠與鋁工廠工作。他在科技業的首份工作是在IBM並任職12年，管理北美洲及拉丁美洲的產品製造及通路，2001年進蘋果公司。
比爾・蓋茲	微軟創辦人	高中時，在汽車安全系統供貨公司TRW擔任電腦程式設計師。在哈佛大學二年級，輟學後創立微軟。
艾夫	蘋果公司設計長	艾夫1992年在倫敦市新成立公司Tangerine工作，他日益厭倦這份工作，導致他離職的最後一根稻草，是他被指派幫衛浴公司設計馬桶。當艾夫為馬桶設計做簡報時，還被嫌馬桶的造價太高、難以打造。
梅爾	美國雅虎總裁	在史丹福大學大四時，系上要她教導一堂符號系統設計的電腦科學課程，展現出她的領導才能。當梅爾拿到符號系統碩士學位後，就成為谷歌首批員工之一，後來被挖角到雅虎。
施密特	字母公司總裁，曾任子公司谷歌董事長	在貝爾實驗室實習之後，第一份全職工作是在晶片製造公司Zilog任職。Zilog的部分晶片會供應給任天堂Game Boy與Sega Genesis等遊戲主機使用。施密特後來曾在昇陽電腦與全錄（Xerox）擔任高階職位。
桑柏格	臉書營運長	在哈佛大學畢業後，指導教授桑默斯出任世界銀行首席經濟分析師，同時聘用她赴世銀工作。桑柏格接著前往印度參與防治麻瘋病擴散的專案。1992年柯林頓擔任總統時，桑默斯擔任財長，桑柏格隨之擔任其幕僚長。

*資料來源：整理自《經濟日報》，2014年10月4日，專6版，楊宛鈴。

4-7 注意職業倫理，別誤踩陷阱

大學中許多系有關「公司治理」、「企業倫理」（公司對利害關係人），在一些相關課程中，例如「職場發展」、「金融行銷與倫理」、「基金投資與倫理」，甚至在課程名稱中加上「倫理」兩個字。

許多人唸書時沒有討論過「職場倫理」，在本單元中，以表的方式呈現。

1. 第一欄：嚴重程度

依照違反職場倫理嚴重程度由上到下排列，最嚴重的是「違法」，以貪污來說，屬於五年以上的重罪；其次還有背信（主要是以股東控告董事會圖他利人等）。

2. 第二欄：大分類

由大到小，把違反職業倫理分成「法律」、「雇用契約」（員工守則）和觀感三大類。

每大類依序分幾個中類，每中類再分小類。

3. 觀感問題

一般人容易誤踩的陷阱有二。

- 用手機隨便按「讚」

公開或私下社群網，隨便按「讚」，常常會被掃到颱風尾，尤其是外人、同事批評公司、產品、主管等，你辯說「按讚只表達『已讀有回』」。但不要太懶，〇．五秒按「讚」可能會讓你背上「詆毀公司」等壞名。

- 謹言慎行以免被「性騷擾」掃到

「性騷擾」的定義很廣，包括作姿勢（行為語言）、講話，為免被扯上邊，我對任何人從來不講有暗示的笑話，拍照等時候不跟人（男女皆是）勾肩搭臂扶腰，別人搭是他（或她）的自由。

表　員工違反職業倫理行為的分類

嚴重程度	大分類	中分類	小分類
100分	一、法律問題	1. 貪污	⑴ 狹義貪污 盜用公款、向供貨公司拿回扣（退佣） ⑵ 廣義貪污 ● 公物私用 大至公務汽車，小至電腦、電話、影印機等。
		2. 背信	● 貪污時間 上班打混、摸魚 早上打卡後跑去買早餐 違反旋轉門條款
		3. 性騷擾	● 動作騷擾 ● 講性暗示的笑話等
60分	二、違反雇用契約	1. 非法 涉及貪污等	⑴ 離職後6個月內到對手公司上班，帶走公司祕密。 ⑵ 帶走公司客戶（或資料），俗稱吃裡扒外。
		2. 解雇等級	⑶ 帶走公司員工、整批跳槽到對手公司或自行創業。 ⑷ 沒有利益迴避，例如任用親朋，投信等公司員工搭公司的股票型基金進出。 ⑸ 在公開網站批評公司、主管、產品。
		3. 記過警告等級	⑹ 在公司裡搞不倫戀（即婚外情）
40分	三、觀感問題	1. 口頭訓誡等級（俗稱白目行為）	⑴ 公然抗上 例如在開會時公開嗆主管等 ⑵ 其他 用對手公司的產品（例如手機）

4-8 把小事情做好是升官的硬道理

「我不曉得怎麼做大事，就從小事開始做起，一步一步的做，這樣做，真的有幫助」。

——姚孟筆　中研院分子生物所所長
二〇〇六年七月六日當選中研院院士
《中國時報》，二〇〇六年七月七日，A6版。

大部人都喜歡在公司裡當高階主管（中國大陸簡稱高管），薪水高、開名車（甚至有司機）、大辦公室，甚至可以叫祕書泡咖啡等。但是除了企業家第二、第三代外，九九．九％的上班族都是從基層做起，累積數年做小事的經驗，一步一步往上爬。

一、日本作者的經驗談

二〇一一年日本暢銷書《入社第一年的五十堂課》作者岩瀨大輔，在剛踏入公司時，一位前輩的忠告，讓他一輩子受用無窮，「頭腦好不好，優秀不優秀，對新人不是最重要的。能不能把主管交代的任何事情做好，才是最重要的。」

二、這是你的小事，卻可能是顧客的大事

大多數現場的服務工作，都是重複性極高的簡單動作，「耐煩」幾乎是服務業員工的必備條件，熬過這個階段，才有機會當主管。

前任優衣庫台灣區總經理高坂武史進入日本優衣庫第一天，只做清洗廁所這件事。在他升上店長前，日復一日的工作內容是如何正確、快速地把衣服摺好放回展示櫃。他從同樣的工作內容中，不斷創造自己跟他人的差異性，才能脫穎而出。

台灣王品餐飲公司旗下夏慕尼新香榭鐵板燒連鎖店中，經營績效最好、領導八五位員工的中山店店長高長宏（一九七二年次）認為，個人的人格特質和態度決定了耐煩程度。

店裡有七二位員工是二〇幾歲的年輕人，年輕人尤其對重複的工作格外不耐煩，當有人反映：「我做桌邊服務員已經三個月了，還能做什麼？」高長宏會鼓勵他，試著思考每個細節，並找到下一個學習的對象。（摘修自《Cheers雜誌》，二〇一四年一一月，第一〇四頁）

三、魔鬼都在細節裡：古秀華的經驗

很多主管都會透過交付一些很無聊的工作，來考察部屬是否能勝任更高的工作。

1. 在外商公司當總機小姐與助理

古秀華第一個工作在外商公司當總機小姐，主管交付給她的第一個工作，是影印月報表。古秀華的作法是「每一張紙必須要對準，不能有髒汙，就連裝訂的訂書針角度，都必須要維持在四十度角。」

她經常站在影印機前面影印一個小時以上。不斷動腦袋思考，如何保持影印資料的高品質與提高效率。旁人覺得非常乏味的工作，古秀華認為這是主管要求品質的身教。

2. 會議紀錄

古秀華把會議紀錄做得鉅細靡遺，她用不同顏色的筆，標示出重點和即刻交辦事項。主管看到她的成果，馬上給更高的工作，甚至升官，每一件不起眼的小事，都做到最高標準，機會自然會找上門。「只有把第一份工作做好，才有機會去做更高的工作」，古秀華離開總機職務時，還細心寫下三頁交接職務。這種凡事認真的態度，讓她從低層的總機、業務助理、行銷助理，一路當上友達高階主管。（摘自《天下雜誌》，二〇一二年二月二二日，第一一七～一一八頁）

四、提升能力，C咖也會變A咖

許多總經理或超級明星都是從默默無聞的C咖或B咖做起，逐漸累積實力，亞洲紅歌手周杰倫，淡江高中畢業後，在吳宗憲的公司（當時主打男團5566）當助理，須做買便當、飲料等跑腿工作；由於工作時數長，甚至有一年半上班日就睡在公司。這份工作，讓他了解唱片企劃、製作、上市與宣傳。再加上他高中苦練鋼琴等專業能力，碰到伯樂後，逐漸成為C咖，快速成為B咖，跳升A咖。

經典人物古秀華小檔案

- 現職：友達光電人力資源總處協理
- 學歷：中央大學人資所在職碩士專班
- 經歷：行銷助理、業務助理、外商公司總機
- 值得參考之處：不以事小，把每件事做到最好

4-9 不怕苦、不怕難，所以成功才可貴

「錢多，事少，離家近」，這句俚語貼切形容許多人對理想工作的條件，其中「事少」包括很多，例如「八小時的上班時間內，工作量少，例如只有二小時有工作；工作簡單易做」。

理想工作的另一面便是壞工作：「錢少，事多，離家遠」，本單元討論事「多」中的兩項「辛苦」、「困難」，如何從背後看到機會、希望。

一、怕苦

「好逸惡勞」是人的本性，往往聽不進「吃苦就是吃補」的安慰的話。

1. 辛苦的工作越來越少

由表可見，「辛苦」的工作可分為「精神」、「體力」辛苦。白領勞工以「勞心」為主，藍領勞工以「勞身」為主，苦的方面不同。

以勞基法對每週（六〇小時）、每日（上限一二小時）工作時數的限制，對於加班鐘點費的規定，對於「責任制」的範圍縮小；甚至對於主管以智慧型手機Line傳訊給員工，員工回訊也視同上班。在勞基法越來越照顧勞工權益情況下，勞工被「操」的情況很少見，只有表中極端例子，例如教學醫院的住院醫師等，因還未納入勞基法範圍。

2. 辛苦是相對的

「由奢入儉難」，這句話說明社會新鮮人面對的工作每日工時八小時，只要連續加班就「唉唉叫」；周末加班往往找不到人。

二、怕難

困難的工作主要是指「超過自己能力」的工作，俗稱「有挑戰性」的。有一次看電視新聞，播出世界馬術錦標賽，其中一關是跳柵欄，從一階加至三階，有一匹馬前二階都跳過，到加到第三階時，牠緊急煞車，牠背上的騎士受運動定律影響便往前越過柵欄，手上還拉著繮繩，這屬於趣味運動新聞，也讓我們體會馬怕跳「太高」、涉「太深」的河、爬「太陡」的山，透過逐漸的訓練，建立馬的信心，牠才做得到。

就跟大學一、二年級作習題（會計、統計、經濟、微積分、物理、化學）一樣，挖空心思；等到大三大四回過頭來看，以前的習題「怎麼這麼簡單」。做困難的工作，過程令人傷腦筋，作完後很有成就感；實作能力一點一點累積。

三、實境節目

大部分實境節目都會紅，二〇一四年起，我很喜歡看「原始生活二一天」這個美國節目，原因很多，包括「眼睛出國觀光」，但更重要的是二位陌生人，如何度過沒食物（也沒水）、沒衣服在荒野生活，大部分地方都選在熱帶地區，又熱（人容易渴）、蚊蟲多（人只要連續二天沒睡，精神容易耗弱，檢警夜間審問便是利用人的弱點）。

從其中一集的男選手柴克來說，約二七歲，是位半路出家的野外活動教練，缺乏實戰經驗。經三位求生專家評分「原野求生分數」（技能、經驗與心態）在事前六・八分，中等水準。

在第七天時，嬌嬌女艾芙婷退出，柴克一個人獨撐一四天，他很怕「無聊」，蚊子叮而晚上睡不著；最後還是完賽，他表示：「人的潛力比自己想的還要寬廣」。

四、著眼於「明天會更好，今日的苦難就不那麼難捱」

只要有希望，再怎樣的苦（例如第二次世界大戰中，德國納粹集中營缺衣少食冬冷夏熱，缺乏醫療）很多人都可以熬過來。

所以在公司裡，員工該看的是「吃苦犯難」背後的好處；例如加班費、對自己能力的提升（這離升官又近一步）等。

久了以後，比較能夠體諒許多體力工人會喝提神飲料，晚上跟工人一起喝酒吃飯，喝酒的目的主要是想麻痺自己，以忘記身體疲憊；與工人朋友吃飯，是為了舒解沉悶工作的辛苦。

表　工作苦難的分類

大分類	中分類	小分類	極端例子
一、難	1. 智力	事業知識變動快且難	資訊安全人員防止駭客入侵
	2. 耐力	處理客訴等工作，常需跟奧客打交道	電腦軟體設計人員「除錯」（debug）
二、苦	1. 精神	(1) 工作天數長	教學醫院住院醫師一週工作70小時，平均一天10小時
		(2) 一天工作時數12小時以上	外科醫生開刀，尤其是神經外科，涉及神經、血管接合
		(3) 其他（一天三班輪班、不定時吃飯）	計程車司機常一天工作13小時
	2. 體力 (1) 白領勞工勞心為主	(1) 第一線勞工，例如會計人員處理發票、傳票等	
	(2) 藍領勞工勞力為主	(2) 建築工作可說最耗體力	馬路上的挖路工人

「原始生活二一天」（Naked and Afraid）電視節目小檔案

- 頻道：探索頻道
- 日期：2015年8月6日　22：00～23：00，2016年1月21日重播
- 主角：第二季第一集柴克
- 在南美洲的蓋亞納一個大草原，女選手艾芙婷在第7天退出，男選手柴克一個人獨撐14天，第19天時，發燒到39.2℃，他靠禱告、對妻子的盼望，第20、21天分階段走到撤退點。

4-10 低薪時如何保持工作熱情？

你進到銀行，會看到幾個白髮斑斑的行員坐在櫃枱；許多公司都有這情況，七成的人終其一生，都在做第一線、基層工作，以銀行分行員工五〇人來說，大概除了經理外，每位行員都在做「做一天和尚，撞一天鐘」的例行工作。

工作有沒有熱情，顧客最敏感，常見的行業例如下列。

● 便利商店店員：只要大門「叮咚」一聲，顧客進門，店員便喊「歡迎光臨」；顧客出門，店員便喊「謝謝光臨」，一天當班，至少須喊五〇〇次。

● 百貨公司的電梯操作小姐，工作空間狹小甚至擁擠，工作內容單調（詢問顧客要去幾樓，然後按鍵），偶爾會碰到性騷擾。

一、從需求層級理論切入

當你聚焦在自己的薪水、工作方式，看到的也許是「低薪」、「低階」、「日復一日」，只是大機器中的一顆小螺絲，可有可無。

當你把工作的角度換到公司、顧客，那故事就很精彩，套入需求層級理論，工作至少給你帶來「錢」以養家活口。擴大的說，往第四、五層動機去看，許多工作也很有意義。

例如一〇一大樓裙樓部分是「一〇一購物中心」，二〇〇三年一一月一四日開幕時，宣傳重點之一是「五星級飯店」的廁所等級，一塵不染又香，許多逛街的人特別到廁所裡拍照留念。廁所清潔人員都是幕後英雄，值得公司董事長尊敬。尤其許多人都是由公司廁所乾淨程度，來判斷一個城市、一家公司的管理水準，有非常多的電視節目報導新加坡政府如何維持公共廁所的整潔；台北市每年也進行公用公共廁所整潔評比。

二、四十年總機「小姐」陳美燕的故事

總機小姐是一家公司的線上接待小姐，許多人不會到公司，透過總機小姐會對公司滿

意或生氣。陳美燕（一九四六年次）在一八歲時到台灣塑膠公司擔任總機小姐，謹記著只要電話鈴聲響，絕對要在三響之前接起來。而且只要跟陳美燕說過一次話後，她就能記得你是誰，每每令電話那頭的人驚訝不已。陳美燕認為在最短時間轉接正確分機是她的本分，沒有電話的空檔，她反覆默背每位員工的分機號碼，絕不會讓客人在電話線上等。

後來，陳美燕換到大陸工程公司擔任總機小姐，有時碰到股價下跌，會有一些投資人打電話進來，不分青紅皂白就罵人；也有些因為找不到想找的人，就責怪陳美燕，「我就當自己是出氣筒，等他發洩過就好了，也幫公司省了一個困擾。」陳美燕從來沒有惡言相向，即使對方罵得再過分，她頂多就是掛掉電話後發發牢騷。

作了四〇年總機小姐，總機小姐的工作怎麼會有成就感？這位奶奶級的總機小姐，她說：「我和別人不一樣，我很用心！」她的敬業能度贏得許多人讚賞。大陸工程董事長殷琪更是經常在公開演講時提起她。（摘修自《商業周刊》，二〇一四年一〇月一八日，第一一六～一一七頁）

表　工作苦難的分類

需求層級理論	說明
一、自我實現	從工作中找到價值感 卡內基訓練大中華區負責人黑幼龍認為，醫生如果每天割盲腸，割五百條下來也會覺得煩，要是如果換個心情想，我今天又救了多少人，這樣就會不一樣。
二、自尊	多數員工會以薪水多寡來決定該為公司付出多少，全聯實業總裁徐重仁在其《用心，就有用力的地方》書中表示，「如果有錢拿，又能學習，為什麼不努力去做？把公司當成練兵的地方，什麼都可以承接，將來學到的功夫就是自己的。」
三、社會親和	跟同事、顧客等變成朋友，彼此關懷。
四、安全	1980年代美國許多公司董事長都相信下列這句話：「熱愛你的工作，高薪厚祿自然會來Do what you love and money follows.」2005年，蘋果公司董事長賈伯斯在美國加州柏克萊大學畢業典禮上所說的。
五、生存	It’s a dirty job but someone got to do it.

第五課

建立達人本事的威望

5-1 職業生涯三階段所需能力

人在工作時須具備那些能力，這在大一《管理學》書中有基本介紹，實務人士只是在這基礎上加油添醋，但萬變不離其宗。

一、美國學者孔茲的定義

社會科學的知識九〇%以上來自實務的歸納，以Unit 1-10中孔茲的三種能力來說，便成為以後管理學教科書最常引用的三大類管理能力。

1. 專業能力

科長級以下人員負責例行作業、營運，基層人員必備條件是「專業能力」，這包括三項。

● 專業技能：專業技能包括二個層級，一是產業知識；一是功能面技能，例如汽車業務代表必須知道汽車產業的環保規定，針對所銷售各款汽車的性能也須具備深入淺出的功力，才能講給門外漢的買方聽。

● 電腦能力：至少要做到上網收發電子郵件、瀏覽、使用營業用電腦系統。

● 語文能力：語文是溝通工具，包括口頭的語言、書面的文字能力，前者主要指「聽說」，後者主要指企劃案撰寫能力。語文分成本地語文（國語與地方語言）與外國語文。

2. 人際關係能力

從襄理到經理這個理字輩的人屬於中階管理階層，負責監督基層管理人員作業，因此人際關係能力所需比重提高到三〇％，這包括對內和對外兩層面。

● 對內：對內分成部門內、外，針對部門內的部屬「進行領導」，對部門間則協調，以達到槍口一致的結果。

● 對外：對外包括顧客、上游供貨公司（包括銀行、原物料供應公司、工會），社區利害關係人（例如消費者團體、媒體），皆須妥善應對。

3. 觀念能力

公司高階管理者（協理以上）面對的策略、功能部門政策決策愈來愈多，俚語說「將帥無能累死三軍」，便強調「下對決策，正確的開始，成功的一半」；也就是常用於形容三國時諸葛亮的「運籌帷幄，決勝千里之外」。

觀念能力的培養來自下列三點。

- 經驗的累積：憑藉多年經驗所養成的「直覺」；
- 學習：透過閱讀書刊，了解歐美日企業如何因應環境變遷，才能高瞻遠矚；
- 思考：慎思明辨，才能慧眼獨具。

4. 1111人力銀行的調查

二〇一四年三月，1111人力銀行進行問卷調查了解職場A咖須具備的能力，列在表中第二欄。

另外，教育部青年發展署（其前身為行政院青輔會），在二〇〇四年針對六〇五家公司進行「大專青年就業力現況調查」，把公司重視的員工能力依比重排列。

二、劃蛇添足的說法之一：職業能力

孔茲的「管理者的能力」有些衍生形，例如稱為「職業能力」，分為二種。

1. 上三級（俗稱垂直）能力

由表可見，這偏重「觀念能力」，軍隊對軍官的培養作法很棒，例如中尉排長要晉升副連長之前；大部分會到營部當參謀（例如參一人事、參二情報、參三作戰、參四後勤），有全營的視野，再來當（副）連長，就知道營長思考角度，該如何跟其他連合作。有些大企業在這方面學得很棒，部門經理調到總經理室任一組，組長知道總經理角度，再晉升協理，管一個功能部門。

2. 同級（俗稱水平）能力

這主要是各功能部門（研發、生產、業務等）的同一層級（例如副理）所需具備的專業技能。

3. 各職級的比重不同

人生工作三十年，以十年為一階段，公司各層級人員必備三種能力，只是比重不同。因此上班族必須預先準備好，以免屆齡卻能力不足「升不上去」；或者升上者，卻出現「小孩玩大車」的「彼得原理」現象。

表　職涯30年中所須具備的三種能力與比重

三大類能力	年齡 1111人力銀行排名	23～32歲	33～42歲	43～52歲
一、觀念能力				
1. 決策	3. 危機處理能力32%	10%	20%	50%
2. 學習能力	10. 抗壓性高3.71%	learn to read，read to learn	須有碩士級（在博士指導下，能做學問）	須有博士級（即有獨立做學問能力）
二、人際關係能力		10%	30%	30%
1. 團隊合作	6. 八面玲瓏，處事圓滑21%	協調	領導	團隊精神 企業文化塑造
2. 其他	7. 社會手腕高20%	職場倫理		
三、專業能力	8. 具擔當19% 9. 具領導力15% 2. 效率佳34%	80%	50%	20%
1. 語言能力	4. 能獨立作業29% 5. 績效好24%	簡體字閱讀 英文聽說	第二外文（尤其是東南亞地區語文）	

2. 電腦能力		Power Point、Excel、影音編輯	使用「企業資源規劃」（ERP）系統	Email、使用決策支援系統
3. 專業知識	1. 專業能力44%			
(1) 產業知識		1個	2～3個產業	3個產業以上
(2) 功能面知識		1項	2～3項	3項以上

*資料來源：整理自《經濟日報》，2014年3月29日，專9版，楊璨羽。

5-2 工作能力的重要性
——上班族五項危機

「沒有三兩三，怎敢過梁山」，這句俚語貼切描寫要有基本功夫才可以在江湖上行走，否則是不會被梁山所接受的。小說《水滸傳》更把梁山一〇八條好漢「造神」，封為「三六天」、「七二地」的天上星下凡。

同樣的，公司招募人才，服務顧客，但也必須跟對手廝殺，推出好產品/服務以贏過對手，這些都必須有一定能力的員工才作得出來。很少有公司「撿到籃子就是菜」，對新進員工總是精挑細選；對公司員工嚴加考核，「好人上天堂，壞人下地獄」，能力好、績效佳的員工加薪升官；每年淘汰三%能力差、績效爛的員工。

一、能力夠則「進可攻」：機會是給準備好的人

職場中有些「古老智慧」，最常見之一的出處如下。

The secret of success in life is for a person to be ready for his opportunity when it comes.

——班傑明・迪斯雷利（Benjamin Disrael）英國前首相

人生的祕密是當機會來時，他已準備好。在一五世紀，德國的宗教改革的神父也講了類似的話：良機對於懶惰沒有用，但勤勞能讓最平常的機遇變良機。——馬丁・路德

二、退可守

二〇一五年四月，1111人力銀行對上班族自覺工作危機的調查中，結果詳見小欄，其中有八三％的人有危機感。各產業中以工商服務業勞工的危機感居首，其次為民生服務與傳產業。男性的職場危機指數普遍高出女性一成。中階主管面臨高階主管壓力，與基層後起之秀競爭壓力，職場危機感最強。就年齡來看，四五歲以上上班族危機感高於其他年齡層。

1111人力銀行副總經理李大華認為，與其成天憂心飯碗不保，上班族應「居安思危」，保持高度的觀察力及學習力；主動學習新技能並培養特殊專長，展現良好工作態度及團隊精神，建立個人的不可替代性，更要隨著科技及產業趨勢與時俱進，才能避免被淘汰的命運。

如果不幸遭遇企業裁員或要求調整工時、職務，應把職場危機化為轉機，重新思考產業及職務的發展性，及個人就業優勢，並藉此機會強化專業，重新出發。（《蘋果日報》，二〇一五年四月一四日，AA版，周小仙）

上班族職場調查小檔案

- 期間：2015年3月底
- 對象：1111人力銀行個人會員
- 地區：台灣
- 主辦公司：1111人力銀行
- 調查方式：網路問卷
- 調查結果：上班族五大危機
    - 專業技能不足；
    - 面對老闆及上司的壓力；
    - 升遷不易／出現職場天花板；
    - 缺乏第二專長；
    - 現職工作替代性高（佔二成）。

5-3 從一技在身作為出發點
——麵包師傅吳寶春的經驗

許多餐廳有招牌菜，有些公司甚至「一招半式闖天下」，小至彰化肉圓，甚至黑橋牌香腸，都只賣一個產品，作到顧客喜歡。然後「持續保持原味」。

同樣的，上班族把自己當產品塑造，有幾種作法。

一、一技在身

「一技在身，不愁吃喝」這句俚語後四個字有各種講法，倒是「一技之長」語出古書「淮南子」中的泰族訓。原本是鼓勵人要「多才多藝」，但以訛傳訛的結果，成為勉勵人「可以沒有高學歷，但要有謀生能力」。

二、員工職能等級

公司透過技能評量中心，定期評估員工職能等級，如同柔道、跆拳道選手的晉級一樣，底下以兩個機構的評量方式為例。

1. ITIS的技能向度和等級

經濟部技術處ITIS把產業分析師所須具備的技能，分成知識（知不知道）和實務經驗（有否做過）二個技能向度；技能高低程度通常劃分為五個等級，其意涵如表一所示。

2. Wiig的分類

美國專家Karl Wiig（一九九五）把員工的技能程度分為八級，詳見表二第二、三欄，第一、四欄是我增加的。至於各職位在各技能項目該達到哪一職能等級，這已遠超過本書的範疇，只好就此打住。

三、國中學歷更要有一技之長

吳寶春國中畢業時，認識國字不超過五百個，也不會注音符號，為了學一技之長，他北上當學徒，為了做好吃的麵包，才覺得知識有用，「不能土法煉鋼」，因此重新學習。他覺得「一枝草一點露」，每個人都可能有自己的一片天，因為每個人都有自己的長處、興趣，應該好好去追尋、自我肯定，不要鑽牛角尖，不可小看自己！（摘修自《蘋果日報》，二〇一五年四月二八日，A二版，涂建豐）

二〇一〇年，吳寶春經營麵包店以後，知道當老闆懂的要比當麵包師傅廣太多，因此到新加坡大學EMBA班上一些課，重點在學知識，而不是文憑。

表一　ITIS的技能向度和等級

評估標準	技能向度	
技能等級	知識	實務經驗
5	4＋創新能力	4＋創新能力
4	完整的相關知識，有能力教授其他人員。	豐富的實務經驗，能指導他人工作
3	應用性知識	已累積相當實作經驗，只需方向上指引。
2	整體觀念	有限的經驗，需在少量指導下執行工作。
1	基本概念	極有限的經驗，需在大量指導下執行工作。

*資料來源：伍忠賢、王建彬、《知識管理》，聯經出版，2001年4月，第501頁表16-2。

表二 員工職能等級

得分	等級	說明	以18洞高爾夫球為例
7	大師（grand master）	世界級的教練	66～70桿，如老虎伍茲等職業選手。
6	教練（master）	有能力指導別人，可說到了爐火純青階段	71～78桿，業餘賽選手。
5	專家（expert）	熟能生巧，可以當助理教練。	79～86桿，友誼賽選手。
4	熟手（proficient performer）	不需他人指導，便能獨立作業。	87～92桿
3	老鳥（competent performer）	理論知識具備，但仍得偶爾有人耳提面命。	93～100桿，即已破百，下場逾6個月
2	登堂入室（advanced beginner）	像不像，七分樣。	101～120桿，下場不超過12次：
1	初學者（beginner）	一知半解，且沒有實務經驗。	不能算桿數，因只在練習場打。
0	門外漢（ignorant）	全然莫宰羊。	連球桿都沒碰過。

*資料來源：伍忠賢，《知識管理》，華泰文化事業公司，2001年6月，第163頁表5-6。

經典人物吳寶春小檔案

- 出生：1971年，台灣屏東縣內埔鄉
- 現職：2家麵包店，2010年11月4日在高雄市開設第一家店，2013年8月15日在台北誠品生活松菸店B2開分店
- 學歷：國中、新加坡大學企管碩士（2016年）
- 經歷：16歲北上當學徒，25歲學成出師
- 值得參考之處：2009年世界盃麵包大賽銀牌，並獲個人優勝獎；2010年獲法國「樂斯福盃麵包大賽」第1屆世界麵包大師個人賽冠軍

5-4 做一個神乎其技的職場達人

台灣的百貨公司喜歡推出日本拉麵，依麵種（烏龍麵、蕎麥麵）、湯底（豬骨、味噌）、配菜區分四大麵系，全部標標原汁原味，且宣稱「職人」麵。職人是「職場達人」的簡稱，日德重視工匠，追求工藝水準的提升，許多行業都有「達人」之稱。

電視新聞也喜歡播出一些職場「神乎奇技」的能力，例如。

- 印度拉茶攤的攤販神準的把湯匙擲進玻璃杯中；
- 乾洗店店員快速燙好一件襯衫；
- 高爾夫球選手精準的打球中籃、中一堆東西。

本單元說明「功夫用得深，鐵杵磨成繡花針」。

一、職場達人、自慢

日語用詞在台灣很流行，有關職場能力的有二個。

1. 中文的達人

- 達官貴人，可能因此簡稱「達人」；
- 達士，有兩個意思，一是聰明人，一是通情達理人士；
- 達人知命：聰明人懂得天命。

2. 日文的自慢

二〇〇七年四月，何飛鵬出了「自慢系列」的第一本書，自此成為台灣的「自慢」（日語，主要有點自誇的意思）社長。

自慢的「本事」是一項技術、能力、知識、態度或理解，當勞工擁有一身本事，而這些本事又是別人無可取代，老闆必須仰賴他不可的時候，這位勞工就永遠有存在的價值，會永遠不缺工作、不缺頭銜、不缺職位、瀟灑自立，生活無虞。

何飛鵬隨時心心念念有何自慢的本事，「一心懸念」的鑽研，磨練、學習，務期「一心自慢任平生」，然後一生「也無風雨也無晴」（摘自《商業周刊》，一三九二期，二〇一四年七月，第一六頁）

二、五・四年成為職場A咖

要成為工作中的A咖（達人）需不需要「一生懸命」所說的一生呢？1111人力銀行的調查認為五・四年就多年媳婦熬成婆；A咖人物中包括福容飯店行政主廚阿基師（江衍基）、台積電董事長張忠謀等。

職場A咖調查小檔案

- 期間：2014年2月19日3月5日
- 對象：上班族1,200人；針對1111人力銀行會員
- 地區：台灣
- 主辦公司：1111人力銀行
- 調查方式：採取網路問卷調查
- 調查結果：多數上班族認為須花5.4年才能成為職場A咖，這必須付出相當多努力。

5-5 一技之長的極致

——世界名廚江振誠

米其林三星餐廳是全球普遍認為餐廳的頂級，台灣只有一星餐廳（例如港式點心店添好運），對三星餐廳比較陌生。本單元以江振誠為對象，說明他從國三開始，一直到新加坡開設餐廳，「一生懸命」做好料理達人的過程。二〇一四年六月七日，名廚江振誠接受台灣科技大學的榮譽學位，典禮後跟學生座談，再加上雜誌專訪；本單元以這兩份資料為基礎，整理於表。

經典人物江振誠小檔案

- 出生：1976年台北市士林區
- 現職：新加坡Andre餐廳董事長
- 學歷：淡水商工餐飲科
- 經歷：法國米其林三星餐廳Le Jardin des Sens廚師
- 值得參考之處：20歲時到法國學法國料理，是台灣首位米其林三星主廚，他更被譽為全球下個年代最有影響力的15位主廚之一。Andre餐廳在新加坡排名第一、全球第37最佳餐廳，2014年12月9日，他開出在台灣的第一家餐廳RAW。

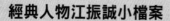

表　江振誠成為米其林三星主廚的原因

富爸爸十個原則	江振誠作法
1. 欲望與野心	國中三年級就主動到餐廳打工，薪水從不是他主要考量，單純就是對「吃」感興趣，希望讀書之餘，還能深入廚房了解「吃」背後的 過程。每次放學後或是打工結束，家住士林的他，會刻意提早下車，先到士林夜市轉一圈，品嘗各類小吃後，才心滿意足地回家。在工作上有興趣，享受過程，所以在生活上有熱情。技藝可從大師身上學，但熱情只能從內而外，並且堅持到底，勿忘初心。他一開始只想開一家有30個客席的餐廳，不求大但求卓越而且很容易被顧客注意。
2. 看見未來的趨勢	正向思考不是與生俱來，江振誠剛到法國的餐廳工作，起初的工作只是擦盤子、洗刀叉。他換個角度想，所有顧客衛生都由我負責，反而覺得很驕傲、很有成就感。
3. 學習	把打工賺來的錢拿去買跟餐飲相關的書籍，到了退伍後進入餐廳工作，在工作之餘，閱讀是他從小到大的興趣，大量閱讀美學藝術相關書籍、雜誌如《KINFOLK》、《CEREAL》、《W》等。江振誠認為料理是一種藝術的呈現。擺盤像畫畫，如何訂一個主題，想好構圖，這些都是從看書中獲得的靈感。

4. 勤於動腦	江振誠曾經整整兩年只負責削馬鈴薯這件事，最後對他來說幾乎變成直覺，一看到不同品種和形狀的馬鈴薯，就知道下鍋的時間該如何拿捏。他跟馬鈴薯培養出的默契，讓他通達了一個道理，那就是愈是簡單平凡的料理，愈是考驗一個廚師對料理的敏銳度，從而更能致力於不斷突破。（《Cheers雜誌》，2014年7月，第131頁）
5. 勇於冒險	22歲時，江振誠踏入法國，在語言不通又人生地不熟的地方，跟隨著米其林三星主廚Jacques and Laurent Pourcel兄弟，開啟他在米其林三星餐廳Le Jardin des Sens的學習經驗。他認為勇於嘗試很重要。
6. 遠離負面的人事	他從來不去羡慕別人什麼都懂，做他拿手的事情就好。花很多時間去研究他感興趣的事物，這種深度的專一，反而是他喜歡的生活節奏。
7. 努力	他在讀高工時，同學放學後多半忙著安排約會玩樂時，他在飯店餐廳裡打工。等到在法國餐廳上班後，工作是無人體會的艱苦，早上6點就要準時上工，凌晨1點才打烊，在一天平均睡眠只有3、4小時。他認為每個人都像一支手電筒，光度不一。如果你是小手電筒，那就要學習怎麼聚光，光聚焦在某個小點上是非常強的，反而打太遠會讓人看不到。他自知自己亮度不夠，所以專注在一個喜歡的事情上，並努力把它做到最好。
8. 誠信	要盡全力專注於這個強項 。

9. 面對挫折的能力	他不把挫折當挫折，把每一個挫折當挑戰，把每一個挑戰當練習，而每一次練習都是朝目標前進的下一步，所以每次遇到挫折其實都在進步。
10. 恆心，堅持下去的紀律	在新加坡，每天開店前，江振誠會跟來自14國的員工開半小時會議，大家輕鬆分享生活的瑣事，或是分享不同國家對同一道菜有哪些不同做法，凝聚彼此對料理的熱情耐力。對於做得對的事，當然應該堅持到底，成功最重要的關鍵是不斷努力和堅持。凡事從基本學習，肯花時間去做，才可能做好。

*資料來源：整理自《Cheers雜誌》，2015年5月，第40～43頁，與《中國時報》，2014年6月8日，A3版。

5-6 你的「專長組合」

你有沒有買股票？買幾支？為什麼？

你有沒有買股票型基金？你猜台股長青基金群益（投信）馬拉松基金持有幾支股票？

你有沒有聽說：「不要把所有雞蛋擺在同一個籃子」？

一、股神巴菲特的三個投資原則之一

美國股神華倫・巴菲特有幾項投資原則，例如「持股一〇年以上」、「危機入市，人棄我取」，有一項比較少人談起：「要是很有把握，可以單押一支股票」，言下之意是「分散持股是沒有把握時，只好處處押寶」。

巴菲特旗下的投資公司波克夏・海瑟威公司資產約一一五〇億美元，直接控有約四〇家公司，另外，四〇家公司長期投資，較有名的有四家，即富國銀行、運通（Master卡）、可口可樂等。巴菲特是否言行不一呢?應該是沒有，原因有二。

1. 原因之一：船大港小

縱使巴菲特慧眼獨具想把資金單押一支股票，但問題是市值一二〇〇億美元以上的股票屈指可數，流通在外股票有限；波克夏公司被迫買多支股票。

2. 原因之二：沒把握

二〇一一年，英國最大量販店特易購因盈餘差，股價跌跌不休，波克夏公司因持股連帶虧損一〇億美元，巴菲特自認看走眼。

二〇一一年八月，歐債風暴時，波克夏公司以一八〇美元投資ＩＢＭ，連續四年，波克夏公司股東會時，股東、記者都問巴菲特是否看錯眼？

二、能力盤點，找出能力缺口

想參加「鐵人三項」，必須先惦惦自己的能力，否則極易因身體無法負荷以致有生命危險之虞，在大學求學時，同學在考試前喜歡說這句話。「考前方知書多」。在公司裡，職務輪調時，比較容易發現自己還有什麼技能該學的。在代理主管時，才會發現光一個排班就得處處考量，應付客戶申訴，才體會到「主管不是只會管部屬即可」。想更上一層樓，除了戰功之外，還得看看自己有沒有匹配的能力；另一種情況是轉行，隔行如隔山，此時需要具備另一產業知識。

三、專長組合模型

「技多不壓身」，有多項專業能力有「退可守，進可攻」的功用，我們套用策略管理課程中常用的BCG模型觀念如下。

1. X軸：行業平均年薪

每個行業的平均年薪代表這行業是「肥田」還是「劣田」，「肥田」隨便種都會豐收；「劣田」要精耕才有一點收成。此處以年薪六〇萬元作為「高薪」、「低薪」的分水嶺。

2. Y軸：行業薪資成長率

行業薪資成長率代表這個行業是否「看好」，以一〇%為分水嶺。

3. 產業生命階段

由「專業技能版BCG模型」可發現這至少可以用在兩個情況。

- 以行業為對象

以行業來分，例如二〇一五年智慧型手機行業成長率二%，這行已到成熟階段，只剩蘋果公司大賺（佔行業盈餘九四%）。

- 以技能為對象

以技能來分類，以資訊工程、資訊管理來說，以二〇一六年來說，汽車自動駕駛處於「導入階段」（預估二〇二五年才會有第一部自動駕駛汽車上路）、大數據分析處於「成長階段」，網路安全（防駭客）處於成熟階段，網頁設計的需求逐漸褪流行。

四、提前準備好能力

美國航空母艦長度大概二七〇公尺、八萬噸，龐然巨物，要轉個彎，直線距離至少要四公里。

同樣的，人學一「技」，少則二個月（例如電腦軟體），多則二年（主要是外語）。

專業技能版BCG模型

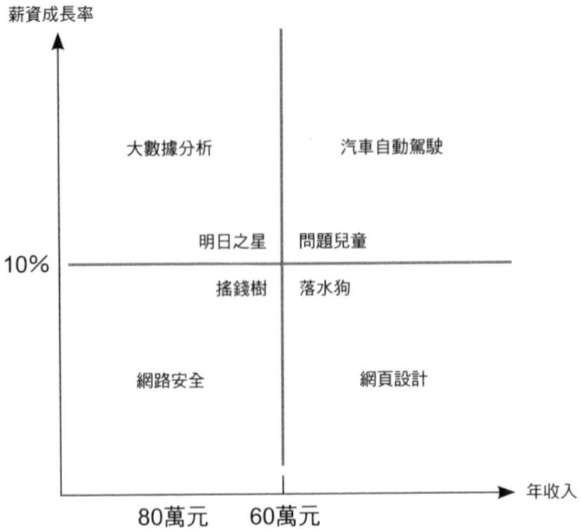

® 伍忠賢

5-7 從基層到總經理
——總太地產翁毓羚

二〇一五年五月，有人力銀行強調「三五歲是人生轉捩點」，在中國大陸，由於在一九九二年起才核准民營公司成立，所以公司創辦人頂多五〇歲（像阿里巴巴的馬雲、小米的雷軍），其任命的總經理大都四〇歲出頭、副總經理三〇歲出頭就成自然。

台灣經濟從一九六六年成長，有些公司創辦人還在，其任命董事長、總經理年齡六〇歲左右。

要想找個三五歲當上市公司總經理的，恰巧總太地產（三〇五六）翁毓羚是其中一位，總太是台中市的一家「小型」建設公司，年營收四〇億元，每年約推出兩個建案。

一、在高雄捷運公司

翁毓羚大學畢業後，擔任美術老師，曾參與高雄捷運公共藝術工程，跟國際藝術大師Narcissus Quagliata等人一起工作。二〇〇九年翁毓羚想換工作，一個想法是去北京市擔任藝術經紀人。因有機會到總太面試，轉到建設公司上班。

二、在總太地產的學習

二〇〇九年，翁毓羚進入總太，從房地產的外行人到總經理，憑藉的是不斷激勵自己發揮創意的努力。她覺得「不懂就學」，利用假日進修工務、法規、行銷課程。此外，她也從董事長吳錫坤學到「他的創業初心，最細微的原則和標準，並沒有因為公司規模大了，就忘了、就含糊了。」她強調，建設業包山包海，從小細節堆砌出來的品質，才是品牌。（摘修自《經濟日報》，二〇一五年八月一二日，A18版，宋健生）

經典人物翁毓羚小檔案

- 出生：1980年
- 現職：總太地產總經理（2015年8月起）
- 經歷：高雄捷運公司處理公共藝術規畫、總太地產品牌部經理、副總經理
- 學歷：高雄師範大學美術系

表　翁毓羚在總太地產的職務與工作績效

年	說明
2009年	在總太第一個職務、工作是社區經營，即負責社區活動，她運用美術系所學，喊出「美麗城市、幸福社區」，把藝術融入社區，獲得住戶肯定。
2010年	翁毓羚轉到行銷部工作，負責個案行銷企劃。把企劃部更名為品牌行銷部，全力推動塑造品牌形象及網路行銷，總太的臉書點閱率非常高。
2012年	總太在台中市南區推出「春上」建案，是翁毓羚擔任品牌行銷部副總的第一個案。她跟這些從沒賣過房子的同仁，運用廣告及網路行銷，以購屋者的心情跟顧客分享產品，二個月的潛銷期（註：銷售中心還沒弄起來，只有工地圍籬架設起來，上有建設公司名稱）創下六成銷售，代銷公司要求她「不要再賣了！」。有了這次成功經驗，翁毓羚再接下「總太國美」的成屋銷售，更落實藝術融入社區。她跟設計師溝通室內格局，邀請藝術家吳冠德入駐「國美」，把20多幅畫作，收藏在各層樓梯間，邀請她的學弟妹到社區做創作分享。
2013年	翁毓羚負責一個建案，但因一次去高雄出差，忘了帶充電器、行動電源，當天下午，董事長打電話一直聯絡不上她，「隔天回來就換人了。」翁毓羚說。
2014年	總太在台中市嶺東商圈推出「拾光」，是翁毓羚首次主導的建築個案，翁毓羚帶著品牌行銷部人員追求品質、做形象、打品牌、推公益，繳出九成七以上的銷售成績，更獲國家卓越建設金質獎。

*資料來源：整理自《經濟日報》，2015年8月12日，A18版，宋健生。

第六課

用專業溝通，打遍天下

6-1 口語表達Ⅰ：只要學習、練習，你可以有好口才

在工作時，主要是口頭溝通，要能說服顧客「心動不如馬上行動」，掏出錢包買了，你就業績紅通通。在公司內，要能說服主管甚至董事會採用你的營運計畫。

一、二〇一五年，報刊掀起「語言癌」的覺醒

我本來做了一個表，整理有那些嚴重「語言癌」；但本書一以貫之是「只講對的，不講錯的」，否則你本來不知道什麼是錯，反倒看了「錯誤示範」後就學起來了。

我每天花很多時間讀報刊、看電視新聞台的名嘴節目，發現長期來，連靠文字過生活的文字記者都普遍用一些虛詞，例如表一中的「正式」等；名嘴用一堆「不好的」口頭禪，例如「老實說」等。

二、好口才是學來的

上電視接受記者訪問三分鐘、簡報七分鐘（詳見表二），簡單明瞭便可讓人叫好。我們看到別人「口若懸河」、「舌燦蓮花」，心羡慕不已，以為口才是天註定；沒這回事，都是上演講班（例如美國電影「愛情速可達」中女主角茱麗亞・蘿伯茲扮演的社區大學講師的工作），或請名師指點，像二〇〇八年當美國歐巴馬參議員在競選美國總統席位時，請演講專家糾正其用語，you know首當其衝，歐巴馬演講成功要素有二：以小人物來舉例，用簡單句（不繞口）、用字老嫗皆懂，讓大家都想學他說話（Say it like Obama）。

三、知道竅門，多練習

由表二可見講話的技巧，多加練習才會逐漸改善。

1. 發音練習

我的母語是閩南語，一直到大二還是有「台灣國語腔」，到大三，每天花一五分鐘唸一篇聯合報上的「短篇新聞」一五分鐘。只花了二週便「戒」了台灣國語的發音。

2. 音調抑揚頓挫

少數人講話音調平平，聲音缺乏「表情」甚至「沒有」表情，自然引不起人想聽。你聽歌，會發現歌都有高低音，尤其到副歌時，音整個拉起來。你可以把讀報當成「說故事」、「新詩朗誦」，多讀幾次，你講話節奏感會越來越強，越容易讓別人想聽。

表一　不該說、寫的用詞

常見的錯誤	說明
「對」……	可能是因為上網、Line等習慣
「老實說」、「坦白說」、「不瞞你說」	可能會讓一些人覺得只有「老實說」這部分「說真話」，其餘部分都是說假話。
「誠摯的」感謝、道歉	同上
「正式」開幕	那是否之前曾有「非」正式開幕呢？
... you know	中文說法是「你知道嘛？」

表二　如何做好溝通（尤其是演講、簡報）

層次	說明
一、策略上	
1. 言之有物：即內容是王（content is king）	● 要有「人事地物時」，真人真事的說服力最強； ● 要有新鮮觀點：李敖有深厚微觀歷史的基礎，看事情角度獨特，是台灣人物中在中國大陸點擊率非常高的。
2. 時間控制得宜	● 銷售（1對1，或1對多）、簡報先講（7分鐘），給人問問題再回答計8分鐘，15分鐘解決。 ● 一般演講18分鐘，詳見Unit 6-2
二、戰術上	美國總統歐巴馬（2009年2月～2017年1月）是個中好手。
1. 段落清楚	俗稱「口條很好」，用數字分段，例如先說今天「講話」，分成四「段」（四項）。
2. 有笑點	美國蘋果公司創辦人賈伯斯號稱是全世界最會做簡報的人，每3分鐘就能讓觀眾鼓掌、讚嘆、大笑。他認為一個好的簡報不僅要聽得見，還要看得見。
三、戰術上	以電視新聞主播來說，是靠說話吃飯的。
1. 音調有抑揚頓挫	TVBS晚間新聞主播方念華等
2. 發音準確	中天新聞晚間新聞主播盧秀芳等
3. 速度適當	東森新聞日間新聞主播王佳婉等

6-2 口語表達Ⅱ：TED級簡報能力

——兼論台、陸版的TED

口語表達中常見情況便是簡報，這包括對外（主要是對顧客銷售商品／服務），對內（業務檢討、營業計畫）等。

許多人從高中的「小報告」開始，便必須上台用Power Point報告，本單元以美國TED組織的演講方式為重點來說明「講故事方式演講」的簡報方式，類似冰山的比率，水面下的冰山佔冰山九成（即故事），水面上佔一成（即觀點），先講故事，引人入勝，再講觀點（即說理），而且只講一個觀點。

一、TED組織沿革

一九八四年，在美國加州矽谷，注重「資訊建築」（Information Architecture）的人士沃曼（Richard Wurman）組成創意社群，每年四天三夜的論壇，地點在加州長灘市的長灘表演藝術中心，總數約一五〇〇張門票，他結合科技、娛樂和藝術的TED聚會，他邀請最頂尖的人來說他們的創意故事，讓聽眾等可以見賢思齊。

二〇〇二年，英國創投人士安德森（Chris Anderson）從沃曼手中買下TED，二〇〇六年把演講內容上網後，全世界都可聽到這些演講者們訴說的好故事。

二、演講的關鍵

有關TED演講的竅門，有兩個專業說法。

1. TED內容總監史多彩的看法

TED設立內容部以協助演講者表達內容，內容部主管史多彩（Kelly Stoetzel）提供一些建議，我們整理於表中第三欄，有比較才看得出差別，跟表中第二欄是公司普通簡報方式相比，就可看出TED式演講的重點。

2. 作者的說法

美國作者唐納文（Jeremey Donovan）寫一本書《如何來一場TED演講》，重點在於「我的故事，你的抉擇」，聽眾自己去思考「這事發生在我身上，我該怎麼做？」為了像在講故事，所以演講者必須把內容記熟（即至少彩排過三次），此外記得跟台下聽眾互動，愈早引起哄堂大笑愈好。

三、兩岸版的TED

台灣有公司取得TED的地區授權，找台灣當地人來講。成功人士演講方式沒有專利，本段說明台、陸版的TED。

1. 台灣版的TED：TVBS「T觀點」

由夢想學校創辦人王文華主持、聯合線上（udn）公司協辦的「聯合大講堂」，在台北市金融研訓院演講廳，每週邀請成功人士來演講三〇分鐘，例如台灣「籃球飛人」陳信安強調「打球是因不斷挑戰的熱情，凌駕於勝負的態度」。在每日五六台（TVBS財經台）「T觀點」節目中播出（下周六重播），主播夏嘉璐串場，二〇一五年七月播出三個月。

2. 中國大陸的「一席」

在中國大陸二〇〇〇年以來，渴望成功在職場中成為熱潮，聽演講成為標竿學習最快最「親近」方式。電視台請馬雲、雷軍等成功企業人士、職場成功人士齊柏林來演講，節目名稱「一席」，取其「聽君一席話，勝讀十年書」中的「一席」，可以在「新浪網」上點選；這是廣義教育產業的一環。

表　公司簡報跟TED演講比較

項目	一般商業簡報	TED演講*
1.訊息內容	理性 ● 對顧客銷售商品或服務 ● 對內：說明業績等	感性 ● 說理佔10％即可，而且放在結論 ● 故事佔九成，比較像藥丸外的糖衣故事
2.表達方式	投影片，條列式的字卡	● 最好是自己親身故事、工作和心得 ● 原汁原味的風格
3.表達重點	圖表	畫面（照片、影片）比口說更夠力
4.時間長度	7～20分鐘	聚焦在一個觀點，戰線不要拉太長，18分鐘足以讓演講者「說清楚」，且足以讓聽眾專心

*資料來源：整理自《商業周刊》，1295期，2012年9月，第61～67頁。

TED小檔案

（Technology，Entertainment，Design）

成立：1984年，台灣2010年

住址：美國紐約市，加拿大溫哥華市

商品：TED x，品牌授權；TED Book，介紹講者的著作；TED ED，利用TED演講為基礎的開放教育推廣計畫；TED Active，青少年講者培訓。例如台灣的TED便是品牌授權，名稱為TED x Taipei。

員工：100人

6-3 寫贏別人Ⅰ：觀念篇

由表可見，在公司、生活裡，「寫」的機會很多，因此本課以兩個單元的篇幅說明怎樣「寫贏別人」。

一、工作時用到寫作兩個時機

由表可見，本公司裡有兩個寫作機會。

1. 對內

最經常寫的便是祕書、行政助理寫「會議紀錄」（含備忘錄），個人寫工作日誌（尤其是研發人員寫研發日誌），到寫「公文」。一季至少寫一次季業務報告等，不定期寫活動企畫案、行銷企畫案等。

2. 對外

對外小至寫「新聞稿」（主要是活動、新產品）、新產品說明書等，更要讓顧客等「看了以後有興趣」。

二、汽車廣告文宣令我看不下去

台灣一年廣告產值約四〇〇億元，自從二〇一四年房市急凍，建設公司廣告縮水，汽車公司躍居第二大廣告主，廣告漫天舖地。汽車公司在寫作方面很不容易閱讀，主因在於中英文雜用，很妨礙閱讀，尤其在直打的情況下，須直的、橫的交叉著看，令人很不方便。

要是我來做的話會這麼做。

1.「性能價格比」（PC值）

以引擎排氣量一・八公升汽車為例，甲汽車公司一七八匹馬力、售價七四萬元、一萬元買二・四〇五匹馬力；乙汽車公司，一六〇匹馬力、六八萬元，即一萬元買二・七五匹馬力。

2. 耗油成本（或燃油效率）

一公升汽油平常可跑一四公里，以一年平均開一萬四千公里來說，約須一千公升汽油。以一公升汽油二〇元為基礎，一年汽油支出二萬元。

3. 其他用詞

- 公司、車名其實都有中文，例如BMW（寶馬）、凱燕（Caynenne），
- 功能用詞：上坡輔助系統（HAC），電子車身穩定系統（ESP）。
- 長寬高：四・六公尺×一・八公尺×一・六公尺，
- 引擎汽缸排氣量二公升（取代二千cc）。

三、自我行銷時，不要自曝其短

有些公司管理者、教授急著透過替報紙寫稿（甚至無稿酬的讀者投書），來打響知名

度，有些人頻率高到一週兩篇。那是「為了出名而打知名度」。

我唸大二時，同學許玉玲喜歡看書，她以一句話勉勵我：「智者說話，因為他有話要說；愚者說話，因為他想說話」。寫文章要言之有物，包括兩項，一是人事地物時（詳見Unit 6-1表二），一是要有研究、調查的大樣本（大數據只是其中之一）的支持。

有位教授跟我說：「我在工商時報、經濟日報寫了六〇〇多篇文章」。我家有訂這二份報紙，為了寫書、教書，我大量剪經濟、企管的剪報，他的文章沒有一篇入剪。

這使我想起港劇「天蠶變」中武當六絕弟子之一姚峰所說「與其獻醜不如藏拙」，言不及義，可說是自曝其短。

四、一個關鍵：不要有錯字，更不要有錯別字

寫二四〇〇字內的短文，文筆好壞見仁見智，但兩種錯字顯現出你能力缺陷。

1. 注音輸入的同音字

大部分用注音方式打中文字，常會出現同音的錯字，例如「汽車」打成「氣車」，打完字後校對三遍，要求零錯字，以突顯你注重「魔鬼都在細節裡」的龜毛精神。

2. 錯別字

用字正確，才突顯自己的中文造詣，最常見的錯別字是鹹魚翻「身」，正確是「生」，死掉的魚又「活」過來了。此外，partner的中文是「夥伴」、employee是「伙計」（員工），沒有「夥計」這個字。

為了用對詞，你要注意別人用詞的差異，例如「滙」豐銀行與「匯」豐銀行那個才對？上其公司網站查，「滙」才對，其目的是讓五洋四海的水都「滙」流，水在外面流行。

碰到沒把握時，就查字典（含電子字典）。

表　上班族寫作時機與功力

層級＼功力	I級 600字	II級 2400字	III級 6000字
一、公司			
1. 對外	廣告文案	產品使用説明書	活動等企畫案
2. 對內	公文、對員工的信		營運企畫案 個案分析
二、自己	自我行銷，建立個人品牌		
1. 部落格	文字為主，要有共鳴角度	自傳 遊記	電子書
2. 臉書	照片為主 文字輔助		
3. 推特	140字		

6-4 寫贏別人II：實踐篇

寫「文章」就跟講話一樣，本單元說明只需花三．五個月，你便可以「登堂入室」，輕鬆的只花一二小時可以寫一份A4紙一〇頁、六千字的營運企畫書。

一、寫作很簡單：以我筆寫我口

下列三位歌手的三首代表歌的共同點在哪？

- 陳淑樺「夢醒時分」；
- 辛曉琪「領悟」；
- 周華健「讓我歡喜讓我憂」。

你回答：「李宗盛作詞作曲」，樂壇宗師李宗盛寫歌「直白簡單，餘韻無窮」。

周董周杰倫的歌有濃厚的「中國風」（例如「青花瓷」），那是因為作詞方文山大量借用唐詩宋詞等。

香港詞神林夕自稱作了三千首歌詞，跟方文山一樣也注重文筆。

劉家昌、李宗盛的歌詞平易近人，不看電視螢幕都聽得懂；用詞口語，因此易記。

同樣的，寫文章「達意」即可，就像日常講話便可以。有些人硬要用「書寫文」，把文章弄得硬邦邦的，看了很吃力、可說是「弄巧成拙」。

二、作文、聊天的必要條件都是肚中有料

說話不難，但為什麼常常出現下列情況？

● 話不投機呢？那是你懂的有限，無法「見人說人話，見鬼說鬼話」，結果當然是「雞同鴨嘴」、「秀才遇到兵，有理說不清」，甚至「鴨子聽雷」。

● 語言乏味呢？沒話題，只好聊天氣，一下子就冷場了。

電視新聞、連續劇甚至電影，許多人與事都很有不同角度可以討論。可是你「不食人間煙火」，二〇一五年八月底、九月初，你跟人聊到「波卡」（波多野結衣版悠遊卡）、「我的少女時代」（王大陸飾徐太宇，女主角宋芸樺撞臉夏于喬），你都是「不知道」、

「沒看過」。那聊天怎麼講下去？

作文的層級更廣，要把人事地物時弄得清清楚楚，也就是「有所本」，作文要寫得好，必要條件是「書（報刊）要讀得多」。

三、作文教學DIY

在公司內的商業寫作，內容為重，文筆達意即可，你可依下列四階段，花三個半月，循序漸進，便可判若兩人。

1. 階段一（二週）：修改報紙新聞開始

報紙上的新聞有許多可以改善之處，例如。

- 重複贅詞太多：這是因為記者為了達到每日發稿一五〇〇字的責任字數所造成，最常見的是「成交新台幣八〇〇億元」，其中「新台幣」是贅詞，這樣的例子多如牛毛。
- 倒三角形寫法：新聞透過「先寫結論」，以抓住讀者注意，再說過程。你可依照時間順序，用剪刀把剪報的段落重排。

2. 階段二（四週）：每天寫一篇六○○字部落格

依四段落（起承轉合）架構，每天寫六○○字，挑一天生活中、工作中的單一主題來寫，類似「荒漠甘泉」那種「一日一文」的小品文。你可以寫在日記上，也可以放在部落格上。

切入角度可從「記事八成、抒情二成」。

要是日常生活「無感」，那可以試著看電視看電影寫「摘要」、「心得」。

- 寫電視節目的摘要，例子詳見本單元第一段，這來自週六晚的「名人床頭書」節目李文儀訪問林夕。
- 寫電影的大綱，例子詳見Unit 2-3。

3. 階段三（四週）：寫二四○○字報告

到了這階段，已從「走路」到學跑，你可依照本書的「富爸爸致富十原則」等架構，依樣劃葫蘆，從《今周刊》、《Cheers》等，很容易找到四頁的報導，予以改寫，每天寫一篇，第一週每篇約需九小時，第二週六小時，第三週三小時就可寫完，整個學習曲線圖很好看。寫三篇以上很重要，才能熟能生巧；為了確保你有進步，你可以請別人改你的稿。

4. 階段四（四週）：寫十頁（六〇〇〇字）報告

這階段是從「跑步」到學會飛，你可依照拙著《零售業管理》（全華圖書，二〇一五年一月）的小個案架構，以行銷類來說，其架構「SWOT分析、市場區隔與定位、行銷組合（4Ps）」。從《商業周刊》、《今周刊》等，以一家公司一個新產品等為對象，每周寫一篇。第一篇約需二〇小時，第二篇一四小時，第三篇一二小時。

6-5 英語Ⅰ：要多說，別害羞

會說英文有多重要？人在台灣，隨時隨地都會用到英語。

● **工作**

有人力銀行公司統計，有二八．四％的人看到求才廣告中的「英語能力」要求時會自動放棄，而該公司要求的英語能力可能很基本、很容易花二個月學習（詳見Unit 6-6）便達到。

● **生活**

台灣一年出國約一四〇〇萬人次，越來越多自助旅行，不會說英文往往就「寸步難行」。

二〇一五年，來台觀光客破千萬人，扣除陸港澳與新加坡，一半外國觀光客須靠英文溝通。你在統一超商當工讀生、在路上走路都會碰到外國人問路，計程車司機、飯店接待人員是接觸外國旅客的第一線人員。

一、學英文的動機：我想跟外國人溝通

二〇〇九年三月初，語言訓練測驗中心邀請全球英語專家齊聚台北，來自美、英、瑞典、芬蘭、挪威、澳大利亞、新加坡、泰國、菲律賓、日本、香港、中國大陸與台灣的學者共聚一堂，舉行「語言教學與測驗的新視野——英語的主體性與媒介性」研討會，探討英語教學與英語測驗的思維。

英國愛丁堡大學教授普倫（Geoffrey Pullum）表示：「如何才能把英語學好，想要跟人溝通就能學好，所以是動機問題。學習者要隨時保持高度的興趣，自然就會想要多讀、多說。學習者心裡想要學多好，就可以學多好；動機不夠強，英語就學不好；如果把學英語當成只是功課（本書所加）、工作，那就很難把英語學好。」（摘修自《全球中央雜誌》，二〇〇九年四月，第八三頁）

二、跟外國人講英語，講就對了

怕說英文是因為把自己當大人，大人說英文不應該犯文法錯誤等，給自己太高標準，反而因怕犯錯以致「變成啞巴」。

1. 不要被記者的說法搞到無謂壓力

電視新聞台記者常把企業董事長、總經理的英語能力捧上天，等到你有機會看到他（或她）演講、主持記者會，大抵會說「英文程度尚可」，甚至許多在美唸碩博士六年以上的學者，英文程度也僅止於日常會話。

成人才學英語，縱使在美工作，美國人一聽發音、腔調，就知道你的母語不是英語。

2. 老外講國語也沒好到那裡

在台灣，外國人講國語，外籍藝人，例如加拿大籍夏克立（黃嘉千的丈夫）、土耳其籍的吳鳳，不管在台灣住多久，你一聽三句，從他的腔調、字的發音甚至用字，一定會聽出他是外國人。

3. 美國人大都很容忍外國人講「菜英文」

美國人對外國人說美語，大都「佛心來的」，你說「You is beautiful」，美國人不會糾正你的文法錯誤，他聽懂你的意思，只因他對外國人的英語程度要求較低；甚至會誇你「英語說得很棒」，甚至有些美國人會說：「你的英文比我的國語棒」。

三、自然方式學美語

大三、大四時我在德國文化中心學過二年德文、服役時自修過日文二年、在補習班上過西班牙語初級班，結論是「英文是最簡單的外文」。

1. 自然發音

英文單字大都是照字面發音，只有少數字因歷史（尤其是外來字）才稍有變化；也就是看得懂字大抵就會唸，反之亦然。

2. 文法超簡單

由表第三欄可見，英文文法很簡單，口語情況下，完全用不到複雜文法。同樣的，用簡單句溝通便可，那麼句型也不重要，表中第二欄的建議是「不用讀句型方面的書」。

表　自然方式學英語

學習	不用讀句型	不用讀文法
說明	1. 英文句型有複合句，例如主句再加上which等開頭的子句。 但建議你只講簡單字、簡單句即可，美國歐巴馬總統這樣做。本籍法國的奈易耶（Jean-Paul Nerriere）由法國調到美國IBM擔任歐洲中東非洲區副總裁，要跟一群美國人說英文，弄得他壓力大，他把多年經驗寫成書，他認為學習英語最重要的是能讓人「了解」，因此他建議如下。 ● 使用簡單字，不要太高深的字； ● 使用簡短句子。	1. 英文文法幾乎全球最簡單，只有問句時把動詞往前挪、加問號，例如「Are you hungry?」中文是「你餓了嘛？」透過「嘛？」與語氣來把平述句改成問句。至於假設語氣、過去完成式等複雜時態很少見，不會也沒大妨礙。 2. 動語時態不規則變化不用那麼在意，反正就那幾個字，例如「get、got、gotten」。你犯錯機率低。

6-6 英語Ⅱ：測驗為何輸南韓？——「南韓能，為什麼我們不能？」

二〇〇五年，南韓人均總產值超越台灣，從此差距逐漸拉大，只能用二〇一一年電視連續劇「犀利人妻」中的經典台詞「回不去啦」來形容。

大約二〇〇〇年起，台灣媒體喜歡作「南韓能，為什麼我們不能？」的專輯，看籃球、棒球比賽，台灣隊名次不那麼重要，贏南韓隊才重要。

「殘念」的是，在多益等英語測驗，南韓民眾也贏台灣。

一、台灣上班族英文能力

二〇一三年七月底，美國教育測驗服務中心（ＥＴＳ）發佈《二〇一二年多益聽力與閱讀測驗全球考生成績統計擴大報告》，其中指出，台灣的多益平均成績為五三三分，亞洲國家地區排倒數第三，只贏香港、日本和孟加拉，詳見表。該中心的台灣區總代理忠欣公司二〇一五年九月三十日的企業問卷調查，多益門檻如下：金融業六五二分、一般服務業五六四分、工業中的製造業五二二分。

二、韓國人如狼似虎

一九九七年七月亞洲金融風暴，南韓政府因無力償還外債，向國際貨幣基金請求五八〇億美元紓困金，為了還外債，企業傾全力拚出口賺外匯。企業重視員工的英語能力，大學畢業生要想進入一流企業，英語能力是「基本條件」。就業引導教學，從大學逐漸往下蔓延到小學。

二〇一五年八月三〇日，三立新聞台「消失的國界」節目播出南韓和香港的補習教育。重點擺在南韓的英文補習。學生想進大公司，因此從小學三年級起補英文，到大學畢業時，希望多益分數五五〇分以上。

由於去美國遊學學費一五～二〇萬元，南韓企業利用英語系國家菲律賓的低廉成本，在菲律賓兩個城市設立英語補習班，學生學費四・五萬元（包住）。

● 宿霧市，隨時有一〇萬南韓人在此學英文，老師主要是菲律賓人，可以做到一對一教學。寒暑假時，南韓的一些小學整個來此。

● 克拉克市，由於以前是美軍基地，有許多退休美軍，再加上英國人等，學費較高；引進「一對一師問生答」的教學方式，逼學生開口說。甚至補習班開在工業區，專攻商用英語。

曾在台灣三星電子擔任人資協理、現任三商行人資長廖哲鉅說，「南韓企業可以要求員工早上提早一個小時到公司上英語課，大家都不敢缺席；台灣企業不敢如此強硬，且員工主動學習意願也不高。」（摘自《今周刊》，二〇一四年二月十日，第一〇二～一〇三頁）

消失的國界　電視節目小檔案

- 頻道：三立新聞（54台）
- 日期：2015年8月30日10：00～10：25
- 主題：南韓、香港的補習教育，尤其著重於英語

6-7 英語Ⅲ：多益七五〇分非難事

在台灣，許多公司都有外籍員工（技術顧問、研發人員等），英文變成最基本的專業能力之一。

隨著台商外移，台幹外派機會增加；英語是全球最普遍使用的語言，到東南亞國家（主要在越南、印尼設廠）甚至南亞（主要是印度、孟加拉），跟當地員工、上下游公司溝通，英文是必備的。當然，當老闆的長期耕耘的打算，往往入鄉隨俗，必須學會當地語言。

一、二〇一四年一〇月起，王品要求員工多益五百分

台灣市場小，餐飲業發展的下一步，都是到國外展店。二〇一四年一〇月起，王品餐

飲公司通過一項規定，基層員工多益測驗達五〇〇分，每月加薪一五〇〇元。這規定不適用高階主管，但高階主管帶頭學習。（摘自《Cheers雜誌》，二〇一四年一一月，第一〇六頁）

二、只要有心，小六生多益九百分

你有沒看過這個新聞，二〇一五年七月時，一位台中市豐原區小學六年級學生多益考九〇〇分（滿分九九〇分），他父母在傳統市場開個成衣小店（很像夜市那種三坪店），假日他須一起作生意。

記者詢問他為何如此努力學英文，他的答案是：「希望長大後，能賺比較多錢，協助父母改善家庭財務狀況，因為在市場賣衣服的收入不高」。

他靠自修方式學英文，就是買教學CD，重複聽；讀的部分就是靠自己查字典、一再朗讀等。

二〇一五年，有位修我〈基金投資〉課的大四學生，自修英文，多益九二〇分，自修越南話，他立志要去東南亞工作。

三、台灣有絕佳的免費學英語的環境

本書中所介紹的學習，都是自主學習，不需要花大錢（例如一小時一千元）請外籍人士一對一教學，因為台灣有很好的免費學英語的環境，包括下列管道。

- 廣播電台的英語教學節目多；
- 電視頻道中有數個都有互動式教學節目；英語節目（新聞、影集、電影台）至少二〇個頻道；
- 網路的英語教學，例如Voice Tube。

四、看影片學英文

看影片學英語的網路平台之一為Voice Tube，二〇一二年時，在外商公司上班的軟體工程師詹益維努力想提高自己的英語聽力，以便跟瑞士籍主管溝通，他把電視字幕用膠帶貼住練聽力，成效不太好。才啟動設立看影片教、學英語的點子。素材來自YouTube上的免費影片，因此只改一個字來命名為Voice Tube。員工先看影片，再分門別類，從電影預告、影集、TED演講、考試專用，再依字彙深淺區分初中高級，標上英國、美國、澳大利亞腔，有兩萬支教學影片。

只要連上Voice Tube，立刻有簡單問卷彈出，詢問所為何來。從使用者需求中，他們發想出「每日口說挑戰」單元，精選英文影片中發音困難的短句，由達人簡短教學，而後使用者就可錄製練習版，自我評分及評語，透過平台分享出去讓更多人評分。

此教學平台會幫使用者紀錄學習時數，有一面「激勵牆」，上頭每幾分鐘就有使用者自我喊話「我要考到英檢中級以上」、「我要完全聽懂外國電影跟演講！」

此平台有揪團功能，學英文交朋友已經有近七、八〇〇組揪團讀書會活動。

五、會唸、會讀、會聽，水到渠成「會講」

單字讀得多，約有一半可以說出來；也就是你認得二千字，透過練習，等到跟外國人說話時，約有一千字會用得出來。「讀」是「聽、說」的基礎，認識的字多，自然日常會話能聽個七八成。

Voice Tube小檔案

- 上線時間：2013年2月
- 創辦人：詹益維、賴馥蓉（夫妻）
- 員工規模：17人
- 社群成果：50萬人，八成以上都在30歲以下，台灣最大英文社群學習平台

6-8 英語IV：閱讀竅門
——朱學恆打電動遊戲學通英文

使用英文最常見的時機是「閱讀」，小至在台灣看進口產品標籤，中至在工廠裡看機器的使用手冊，大到看英文報刊（《華爾街日報》、《彭博商業周刊》）。

一、動機：最傳奇的故事

有關「讀英文」的專家最傳奇的人物是電視節目名嘴朱學恆，他就讀中央大學時，超喜歡打電動玩具的電動遊戲（例如超級瑪莉歐），苦於無法過關升級。為了突破障礙，他只好看螢幕上的「小幫手」破關說明，為了看懂，只好努力查字典。

他的讀英文能力就是「玩Game」玩出來的，後來，台灣的出版公司找他翻譯「魔戒」三部曲的小說，他選擇「抽版稅」而不是固定翻譯費（例如一本一〇萬元）。「魔戒」電影上市，書跟著大賣，三本書的版稅收入三千萬元，他全部捐出來成立基金會，引進美國麻州理工大學開放課程譯成中文等。

一位沒留學且是理工系的畢業生，只因想破關而自修提升英文閱讀能力，可見「動機」加上「努力」就夠了，當然，方法正確則事半功倍。

二、目標

學中文一二〇〇字（約佔中文字二・四％），便大抵可看懂《中國時報》、《蘋果日報》等。由表一可見，英文常用單字一千字。有些人自認二六個字母拼不完，這些狀況不用再說了，不管你現在幾歲，就當作新學。只要採「有心」加採密集學習方式，選有興趣的素材，再加上難度適當，只須一八個月（一年半），每級（初級—中初—高級）各只花六個月，可以從〇到五千字。

三、內容很重要

學語言是為了用，在自修情況下，請你挑生活美語，生活中的字大都很簡單（不會超過十個字母，約三個音節）。

1. 實用

生活英語例如觀光旅遊（餐廳點菜、購物、搭機等）、國內生活（例如郵局寄信、搭車）等，因為跟日常生活息息相關，即學即用，由於學習績效很直接，連自己都可輕易知道自己的進步，即可以跟外國人「簡單會話」。整個成就感油然而生，會想要再多學一些，以處理更複雜的生活情況。

2. 適合程度

挑文章，以一篇A四文章來說，全文約五〇〇字，約一〇個生字最合適，讀一篇約一小時。每天讀二篇，多認識二〇個生字。最好自己查字典，註上kk英標，且文章要「唸」出來至少一遍。

3. 會唸大抵會寫

英文等都是拼音字，除了少數例外情況，英文字的拼字跟其發音很接近。二〇一〇年，清華大學孫運璿榮譽講座教授李家同寫書強調，自然發音學英文的重要性。

4. 從全球化英語再更上一層樓

全球化英語單字約五千個，足夠應付工作、旅遊和簡單交談。每位上班族針對其專業（例如證券、銀行、電子等）的專門單字一千個，便很容易看懂專業英文報刊。

四、密集學習——密集學外文的大規模成功案例

你在街上有沒有看過二位穿白襯衫打領帶甚至騎腳踏車的摩門教長老？他們大抵都是高中畢業，有志到外國宣教，由主教決定誰去那一國。有許多宣教士只花二個月密集學華語，不僅會講還看得懂字。

更令人驚訝的是他們的華語老師主要是赴台結束二年宣教的宣教士，也就是美國人。此外，參加華語班是須要付食宿費的，許多是學員的父母出的錢。

火箭升空要脫離地心引力必須花很大力量，同樣的，把母語當做地球，你學外文，必須透過短期大量時間才能突飛猛進，詳見表二的建議。

經典人物朱學恆小檔案

- 出生：1975年，台北市
- 現職：奇幻文化藝術基金會創辦人兼董事長及開放式課程網頁正體及簡體中文版翻譯計畫主持人。
- 學歷：中央大學學士
- 經歷：翻譯《龍槍》系列（第三波出版）、《魔戒三部曲》、《索龍》（Grand Admiral Thrawn）三部曲，《哈比人歷險記》、《星際大戰》
- 榮譽：有「宅神」之稱，上電視節目的名號為「網路觀察家」

表一　英文單字量與檢定測驗

單字	英文檢定	多益	閱讀能力
5000	全球化英語，1500個基本字，3500個衍生字	900分	能看懂美國一般報紙九成
3000	中級（高中程度）	700分	看懂小說
1000	初級（國中畢業程度）	400分	看懂兒童故事書

表二　6個月密集學英文的建議

項目	週一～五	例假日
時數	2小時	6小時，早上、下午各2～3小時
教材	● 空中英語教室，聽收音機1小時，一次2課 ● 複習1小時	除了左述 ● 讀文法2小時 ● 讀句型1小時

第七課

以人際關係發揮團隊合作

7-1 公司重視員工的團隊合作能力

公司比較像球隊，必須團隊合作才能致勝，單打獨鬥不成氣候。

一、Y世代，公認史上最難管的人？

二〇〇三年起，美國企業開始遇到Y世代的大學畢業生，一年一年經過，Y世代的人佔勞工比重逐年增加。到了二〇一〇年，許多大企業都認為「Y世代想法不一樣」，例如美國迪士尼樂園在應徵新人時，遭遇應徵者許多問題，例如：「你們公司有沒有回饋社會，你們公司有沒有做環保？」Y世代的員工離職率高。

二〇〇八年三月二五日，美國迪士尼公司（位於加州Burbank）的全球高階主管年度訓練時，人資部上第一堂課，其中一個重點便是「如何因應Y世代員工」。

二、不識愁滋味

「無欲則剛」、「不要的最大」，這些俚語貼切說明不缺食、不缺衣，自然不會「為五斗米折腰」。

一九八〇年代生的人可說是「吃好穿好」的一代，生活水準比X世代（一九六五～一九八〇年生）「吃飽穿暖」更上一級。在職場上，「八〇年後」的人因有「父母養」撐腰，比較敢「表現自我」等，詳見表第二欄。這在X世代主管眼中比較負面，詳見第三欄。

三、1111人力銀行的調查「不意外」

每年五、六月大學畢業季，1111人力銀行例行會進行企業求才關心重點，已有數年，「團隊與合作能力」居第四，這結果「不意外」。

企業最喜歡的社會新鮮人以成功大學畢業生居首，領先第二名的台灣大學。成大畢業生總分高，站在公司角度，「肯做」、「能作」、「服從性高」，連「團隊與合作能力」也高。二〇一五年，台大、輔仁大學名列企業最愛。

表　Y世代員工跟X世代主管的不對盤

層面	1980年後員工的心態	X世代主管的看法
一、工作 1. 工作品質	你有好好的跟我溝通過，你認為最重要的事是什麼嗎？	給工作成果，順序和交代的都不一樣
2. 服從性	網路既有的經驗知識那麼多，可能你的指示是死胡同，難道我要照做？	開會意見一大堆，服從性很低
3. 上網的看法	就像你抽菸、需要休息一樣，而且很多工作的合作線索，我也是在臉書上找到的啊！	電腦螢幕不是臉書就是Line
4. 抗壓力、抗挫折力	工作是讓自己快樂的方式之一，如果這裡讓我痛苦，我為什麼要忍受？	遇到問題就逃跑，耐挫折力超低
二、工作環境 1. 工作內容等	好玩，才能讓我們樂在工作、忘掉時間，這樣，做事怎麼會沒效率？	工作環境要好玩，做事卻沒效率
2. 工作時間	重點是能否把事情做完？有了電腦、手機，隨時能工作，為何要到公司「表演」工作給你看？	總說上班要彈性、能不能不上「臉書」打卡

三、人資管理面 1. 工作動機	我的人生，不是只能靠工作成就來定義，我還需要發展其他的身分。	討厭加班，總說工作跟生活要平衡
2. 升遷	跟玩電玩遊戲一樣，打到怪，就立刻晉級，這樣才公平。誰有實力就是老大，管你是老頭還是小孩？	稍有一點點成就，就想快速升遷
3. 想獨挑大樑	玩遊戲都可以先試驗，再修正，你沒讓我「打怪」，怎麼知道我不行？我怎麼學習？	明明很資淺，卻嫌舞台不夠大
4. 離職	我是對我的事業生涯忠誠，不是對你的公司忠誠，有更好的舞台，我當然要走！	一天到晚跳槽，加薪也留不住人

*資料來源：改編自《商業周刊》，1198期，2010年11月，第135頁，曠文琪。

2015年企業求才關心重點調查小檔案

- 期間：2015年5月26日～6月14日
- 對象：公司
- 地區：台灣
- 主辦公司：1111人力銀行
- 調查方式：1152份問卷
- 調查結果：公司求才關心重點依序如下：

1. 溝通能力
2. 學習能力與可塑造性
3. 創新能力
4. 團隊與合作能力
5. 全球移動力
6. 專業技能

7-2

在上班場所的好生活習慣

——習慣決定機會

公司為了省錢，辦公空間不大，平均一人五坪，扣掉公共設施（廁所、茶水間、走道），自己辦公區約一・五坪。你的四周都坐滿了人，住家是「雞犬相聞」，在辦公室，連「打電話說話」都「一人說話，大家聽」。一天上班八小時，一周五天；甚至比跟家人在一起的時間還長。家人因有感情基礎，對一些不好的生活習慣有時「睜一眼，閉一眼」。在辦公室裡，主管、同事常會討厭生活習慣差的同事。惹人厭，往往變成「最不受歡迎員工」。

在辦公室要想融入大團體，最基本的便是生活習慣好。

一、最重要的是「同理心」

想了解什麼是「生活好習慣」，答案是「己所不欲，勿施於人」，也就是「同理心」。

台灣人在公共場所很有禮貌，例如：

- 搭捷運手扶梯時全部靠右，車廂（電梯也是）「先出後進」；車廂內「不飲食」，講話音量適當，會讓位給「老弱婦孺」。
- 等公車等時皆乖乖排隊。
- 不會亂丟垃圾，新加坡是靠重罰再加上清潔隊員密集清掃才保持公共場合乾淨，新加坡政府苦於小巷等處，民眾隨時丟垃圾的髒亂。

眼睛長在我臉上，看到的都是別人的行為，「見賢思齊，見不賢內自省」。唐太宗表示：「用銅鏡可以正衣冠，用人鏡可以正行為」，「人鏡」中專職的是諫議大夫，最稱職的良臣是魏徵，他對「良臣」的定義是「直白」；那麼你的人鏡在那裡？

二、養成好習慣只須三十天便可

大腦佔全體重二％，以六〇公斤的人來說，約一・二公斤；用掉人身體二〇％的能源。大腦是全身最花能源的器官，為了節省大腦思考，大腦會盡量把日常生活中的例行動作變成習慣，使我們不花什麼力氣就能過一天，好把節省下來的資源拿去處理跟生存有關的重要事項。

把大腦比喻成硬碟，你可以刪除舊檔案，再記入新檔案。你只要有意識的採取新作法，七七四十九天，習慣成習，新習慣取代舊習慣。

美國有個協助人們建立習慣、達成目標的應用程式Lift，其創辦人史陶博賽（Tony Stubblebine）透過觀察得到結論，大抵是老生常談，例如「從小、容易做的事作起」等。

（詳見《EMBA雜誌》，二〇一五年六月，第一四〇～一四一頁）

表　上班時，令人喜歡的生活習慣

場合	說明
一、上班時 1. 跟人說話的安全距離	男生70公分、女生120公分，不要學偶像劇作「壁咚」
● 音量	適當就好，超過70分貝，會讓人覺得「吵」、「有壓力」等
● 內容	不要說「性暗示」的黃色笑話，不要有種族、宗教、性別、政治等歧視。
● 姿勢	縱使拍照時，不要跟任何人勾肩搭臂，尤其是對女同事、主管。
2. 吃飯	不要喝酒，頂多只是「你乾杯，我隨意」，否則一旦喝醉，代價很高。 ● 男生醜態百出 最差的是「酒品不好」，大罵公司、主管，事後道歉往往於事無補，打主管或同事還會被告。次差情況是酒駕，既不安全，罰款很重。 ● 女性有可能被「撿屍」
二、生活面 1. 食	喝茶水時，直接喝下去；想以茶水漱口取代刷牙，還是得到廁所去，剔牙、摳鼻也是。例如泡麵的渣要倒到垃圾筒，打呵欠要用手蓋住嘴巴，不可讓別人看到你的大牙。抽菸到公共空間（吸菸區）。

2. 衣	衣冠要整齊，這是對別人的尊重，在辦公室，除非規定允許（例如午休時間、電腦房），否則不要脱掉鞋子，以免讓別人覺得「噁心」。 剪指甲是跟刷牙、尿尿同等級事，縱使在家裡，也請你在自己的房間內剪指甲。 梳頭時，頭皮屑會飛起來不衛生，所以應該去廁所梳。
3. 住	開燈 開冷氣 座椅歸定位 辦公空間整齊清潔
4. 行	跟主管走路時，走在主管的左後方一步
5. 育	● 上臉書、寫部落格 看似分享上班經驗，請不要扮演「酸民」，批評公司、主管
6. 樂	● 聽音響時，最好戴耳機，而且還要看有沒吵到人；聽歌時，不要跟著唱。 ● 跟朋友唱卡拉OK時，盡量點男女對口唱、合唱歌，「獨樂樂不如眾樂樂」。

7-3 你此生必做的事是什麼？

——澳大利亞人賽巴斯汀「此生必做的一〇〇件事」

「養兒方知父母恩」，這句俚語說明「當了父母，才會體會當父母」的心境；「樹欲靜而風不止」，這句俚語說明對父母的愛要及時。

在公司裡，情況類似。

「當家三年連狗也嫌」，等到你當了主管，才知道主管有主管的難處，你會更想讓你的主管更好當。

對同事也是如此，有可能他（或她）明天就離職、被資遣，或者其他意外。

本單元以賽巴斯汀的「此生必做的一〇〇件事」來說明把眼界擴大，你的同事、主管相處可能是更有緣份的。

一、電影「一路玩到掛」（the bucket list）

美國電影「一路玩到掛」，由美國兩位天王巨星傑克・尼克遜與摩根・費里曼主演，兩位所剩日子未滿六個月的老人，擬出「死前必作的十件事」，然後完成。

電影中的bucket的原意是「水桶」，但是美語中俗語kick the bucket意思便是「死」。

二、澳大利亞版的「一路玩到掛」

二〇一五年六月一四日（週日）晚上七到八點，你有沒有看「旅遊生活頻道」（TLC，二〇台）中，播出「此生必做的一〇〇件事」（100 Things to do before you die）。二〇〇九年時，澳大利亞青年賽巴斯汀・泰瑞（Sebastian Terry）摯友驟逝，讓生活平凡美滿的他開始反思自己的人生，他認為：「一直以來，我都把自己的生命浪費在安逸的道路上，順應著社會對我的期望。如果還有另外一次機會，我是否會有所改變？」寫下一〇〇件死前最想做的事情，並一一實踐。其中有些事瘋狂得不可思議，例如在澳大利亞雪梨市當遊民一週，體會露宿街頭等滋味。

去非洲烏干達的育幼院，照顧一位類似腦性麻痺的嬰兒，改變了人生觀。

- 走出舒適圈，勇敢面對，嘗試新奇事物，擴大眼界，是成長的動力，激發自己能力，體會到生命的美好。
- 圓夢之旅，追求自我，也啟發別人，起了帶頭作用。

「此生必做的100件事」電視節目小檔案

- 頻道：遊旅生活（TLC，20台）
- 日期：2015年6月14日（週日）19：00～20：00
- 主角：賽巴斯汀・泰瑞（Sebastian Terry）
- 主題：真人版的「一路玩到掛」

7-4 天團五月天關鍵成功因素

「五月天」在一九九八年出第一張唱片，是台灣最賺錢的搖滾樂團，二○一二年在中國大陸北京市鳥巢運動場辦二場演唱會，一場一○萬張票一天賣完，也在英國倫敦、澳大利亞、日本開演唱會。

樂團的成功，比周杰倫、蔡依林等天王、天后，多一個「團隊合作」，詳見表中第八項「誠信」。由於表佔篇幅頗大，本單元不再贅述。

以富爸爸10個致富必備觀念	說明 （此欄中6個數目是〈遠見雜誌〉專文的數字）	
1. 欲望及野心	1995年	主唱阿信（陳信宏，1975年次）、吉他手怪獸（溫尚翊，1976年次）、貝斯手瑪莎（蔡昇晏，1977年次）和前任鼓手錢佑達在台灣師範大學附設高中組成So Band樂團
	1997年	吉他手石頭（石錦航，1975年次）加入，更名為「五月天」參加野台開唱，跟滾石唱片公司簽約
	1999年	鼓手劉冠佑（劉諺明，後改名為冠佑，1973年次）加入。
2. 看見未來的趨勢	五月天團員都有意識自己的社會責任一年比一年重，因此每張專輯中都有一定比例的勵志歌曲，鼓勵聽者正面向上，阿信包辦所有歌曲的詞曲創作。阿信表示，五月天從來不愛抱怨環境，因為「要是環境不好，我們就去創造新的環境，」他說。	
3. 學習	由於有四位團員出身師大附中吉他社，吉他技能成了基本配備，貝斯手瑪莎擅長大提琴、鋼琴、口琴等，鼓手冠佑對電子琴非常拿手，團長怪獸能音樂製作，吉他手石頭赴英國進修錄音工程。	

4. 勤於動腦	1. 市場定位：以1970年代為主，產品策略Ⅰ：旋律好記　熱血與夢想的傳教士 五月天在滾石音樂時代的第一位經紀人、「相信音樂」公司營運長謝芝芬表示：「每個年代都有屬於他們的歌手，五月天剛好唱出六年級世代的心聲，以1999年發行第一張專輯《五月天第一張創作專輯》，以電視綜藝節目「龍兄虎弟」中張菲打紅的虛擬人物「志明與春嬌」為主，巧妙的藉力使力。她認為阿信的歌詞，精確打中歌迷的心、渴望與委屈，滿足了歌迷需要被理解的渴望。〈憨人〉的歌詞：「心上一字敢／面對我的夢／甘願來作憨人」用字簡單、態度堅定、意義深長。〈出頭天〉寫的是業務員的一天，〈乾杯〉則是業務員的一生。 2. 產品策略Ⅱ：作品與時俱進，傳遞正向力量 隨著五月天團員的人生成長，作品也與時俱進。有憤怒、文藝如詩般的作品，也有入世的關懷與體會，多元、跨世代的音樂性，每個年齡層都有廣大顧客。 3.定價策略：演唱會門票價格平民 五月天演唱會製作人周佑洋指出，五月天樂團的兩大商品：「音樂」和「演唱會」，除了適合大眾市場的抒情歌如〈星空〉，會創作適合在演唱會大唱的high歌〈戀愛ING〉，因而被稱為「演唱會之王」。為了讓觀眾買得起演唱會門票，定價很親民，低到480元，搖滾區3280元。像2012年南韓Big Band在台演唱會，價格帶800～7300元。 票價低，歌迷聽五月天也買得起其他歌手的專輯。阿信說，「我們可以當歌迷第二喜歡的藝人，」謝芝芬分析，如此一來，聽眾可以更廣、更多。

5. 勇於冒險	1998年	在角頭音樂發行的《豞國歌曲》發表第一首錄音室作品〈尬車〉，並製作《擁抱》專輯。
	2006年自行創業	五月天跟前滾石音樂策略長陳勇志合資成立「相信音樂」公司，陳勇志擔任總經理兼執行長。
	投資	樂團的樂器、演唱會的設備（音響、燈光、工程等）皆須花錢，五月天把賺到的錢投入在這些生財設備上。
	賠錢培養年青顧客	當年謝芝芬受紙風車劇團319鄉鎮義演的影響，建議五月天無酬到校園巡演40場，這獲得五月天無條件支持，每一場貼40～60萬元。 得到實際的成果是，之後的演唱會開始出現秒殺，購票群年紀明顯下降，由1970、1980年代，向下擴展到1990年代以後，不少青少年回頭去找五月天之前的歌來聽，使得五月天的前幾張專輯有長賣不墜的趨勢。
6. 遠離負面的人事	4. 謙虛的平民生活態度 身為具有高超技術與超高人氣的偶像團體，五月天團員生活非常平民，還因此被稱為「平民天團」。每個團員大多自律甚嚴，很少傳出買名車、置豪宅這類炫富新聞，團員跟所有工作人員一起輪流排隊領便當、拿飲料。阿信表示：「不管我是不是歌手、成不成功，謙虛的態度和禮貌都是做人最基本的。」	

7. 努力	5.「玩」音樂　絕對專業與敬業 五月天團員總是說，音樂是「玩」的，但五月天對音樂的態度，卻是絕對專業與敬業，每個團員總不忘鍛鍊本質學能，自我要求都很高。「他們練團，我只能用『沒日沒夜』來形容，」五月天錄音師兼技師團團長黃士杰表示。 永遠都要回應歌迷需求，再累也要做校園巡迴、偏鄉義演，五月天永遠把歌迷放在第一位。
8. 誠信	不爭名不搶利，互信是深厚默契的基礎，十多年來團員間的深刻友情與完美分工，是樂團多年來依然高人氣的幕後關鍵。 團長怪獸表示，當年還在滾石唱片公司時，製作人李宗盛問他們，偉大樂團的要素是什麼？五月天順著追問，李宗盛說：「不能散！」 這個團最早是四個學長弟組合，原本就有濃厚的生活情感，默契特別好。「我們在討論音樂的時候，彼此都會退一步，尊重對方的想法，」瑪莎說。 功成名就後，大家容易為名利分配起爭執，謝芝芬認為：「一般樂團一定都是主唱最突出，但五月天的每個人都很有特色，擁有各自的歌迷。」
9. 面對挫折的能力	阿信說：「我難過時，會聽青少年時期的歌（例如披頭四，回到初學音樂的心情）。」

10. 耐心、堅持下去的紀律	2012年五月天拿下金曲獎六大獎項後的慶功宴，「外界以為一定是喝到爛醉如泥，但他們是打聲招呼後便離開回去加班，」黃士杰表示。 黃士杰記得，他們曾為了一首歌，眾人在錄音室裡工作了好幾天，終於錄到一個大致同意的版本，結束時已經是凌晨2點多，黃士杰也累得一回家就睡著，這時手機卻響了，是阿信打來的。 「我對自己有段Vocal不是很滿意，你可以來幫我一下嗎？」電話裡阿信充滿歉意地說。半個小時後黃士杰回到錄音室，阿信已經等在那裡。待黃士杰把器材架好，阿信就讓黃士杰去休息，自己一個人繼續錄到天亮。

7-5 團隊合作：台灣麥當勞的基本員工訓練

最典型團隊合作的情況是美國電影中的足球、籃球、棒球與橄欖球比賽，甚至啦啦隊、鼓樂隊比賽，為了大我，領悟到必須放下私人恩怨、自己的英雄主義。

本單元以麥當勞的兩個計畫來說明團隊合作精神與Y世代管理，以《商業周刊》，一一九八期，二〇一〇年一一月，第一五〇～一五二頁李郁怡的文章為基礎去改寫。

一、麥當勞在美砲聲隆隆

在美國，麥當勞的薪水很低，所以美國人發明「麥當勞工作（McJobs）」形容那些低薪無前景的勞力底層工作，二〇〇三年收錄在韋氏與牛津英文辭典，引發麥當勞抗議。

以秒計時的標準作業流程、高溫高熱的廚房後台、千奇百樣的顧客，速食餐廳的工作環境難以吸引年輕人。美國麥當勞進行全球品牌經驗改造計畫，力圖洗刷品牌污名，第一步，就是從與服務品質直接相關的員工價值改造方案開始。

二、對Y世代的管理方式

二〇〇七年，美國麥當勞人資部發現，當被問道：「什麼是你喜歡在麥當勞工作的原因？」時，是三個以F開頭的英文關鍵字：「像家庭與朋友一般麻吉的情誼」（Family & Friends）、「彈性」（Flexibility）、以及「未來」（Future）。年輕人自我與企圖心強烈，渴望被尊重，對於企業的期望，在於個人潛能能不能被發揮。

二〇一〇年上半年，台灣麥當勞推出一整套為年輕員工量身打造的激勵方案，其中是建立第一線員工的「麻吉小組」（組員約六人），從各店服務員中，遴選表現好的人擔任訓練員，進行同儕式管理。

台灣麥當勞有一萬名員工，八成是第一線人員，年齡層主要在一六～三〇歲。每一位分店經理，都可以從中選出第一線的訓練員，成為麻吉小組的小組長，由他們帶領同儕。

三、以天母店為例

天母店店經理陳中河（一九七〇年代生），選擇第一線訓練員的方式，是讓服務員自告奮勇報名，再選出「有領導特質」的人。年輕人掛上訓練員的頭銜後，開始會自己給自己壓力，他們就很想把事情做好。

即使只是做漢堡這種枯燥工作，擔任訓練員的小組長會力求帶領小組表現，而且小組跟小組間會互下「戰帖」，例如，誰做漢堡最厲害。像是一個雞腿堡，據麥當勞崗位工作檢查表（SOC，Station Observation Checklist）規定，在五〇秒內要完成從麵包加熱到包裝共七個程序，結果居然有小組二三秒就能做完一個。

「他們會小組討論，你為什麼比較快？包裝怎麼做？這種年輕人管年輕人的方式創造一個平台，讓他們建立團隊成就感。」陳中河說。

麻吉小組發展出的好方法，店經理拿到地區會議以及網路平台，跟其他的分店分享，小組組員會享受額外的榮譽，表現也因此再提升。

第一線服務員小組成員之間的互動方式，也跟上對下的管理很不同。

四、以廖喬偉為例

廖喬偉（一九八六年次）在台灣大學經濟系二年級時，到麥當勞打夜班工。當他擔任訓練員時，便採取快樂等方式。

1. 玩出工作樂趣

例如要教沒炸過薯條的同事，他會先說明工作流程，然後親自示範方法，讓對方試一次，稱讚對方做得好的地方，也說明「可以更好」（而不是做錯）的地方，再讓對方試一次；想辦法找樂子，讓工作變有趣，透過競賽與遊戲，可以建立團隊成就感，每次完成任務就擊掌慶祝。

2. 帶動員工士氣

與同事間的情誼，也從職場延伸到生活，業績表現超過目標的分店會從公司得到玩樂獎金，麻吉小組再上公司網站、自己的臉書分享創新玩樂經驗，從玩樂建立起更強的小組組員向心力，再回饋到工作領域，這時工作與玩樂的界線已經不再那麼清楚。

這種領導方式，是先談成員的心理需求，再以小組認同做為激勵的驅力。

五、幹部訓練減為十五個月，升遷更快

表現好的訓練員，在同儕之間獲得認同，也會優先獲得訓練、晉升的機會，「快速升遷計畫」，可擔任儲備幹部（例如實習副理），順利的話一五個月可晉升到店長。

快速升遷計畫，課程設計很像遊戲過關斬將，每一個關卡都有得分與淘汰機制。

在新方法實施後，基層員工離職率下降至二〇％以下，餐飲業年均離職率通常是在三〇％以上。台灣麥當勞營運長劉厚倫指出，「前九十天是關鍵期，如果他們能夠待超過九十天，往往就能再待一到三年」。

WIN015

《一輩子要學會的職場黃金課——7堂課保證你工作事業都順利》

作　　者—伍忠賢
編　　輯—王克慶
封面設計—果實文化設計工作室
董 事 長
總 經 理—趙政岷
出 版 者—時報文化出版企業股份有限公司
10803台北市和平西路三段二四〇號七樓
發行專線—（〇二）二三〇六六八四二
讀者服務專線—〇八〇〇—二三一—七〇五・（〇二）二三〇四七一〇三
讀者服務傳真—（〇二）二三〇四六八五八
郵撥—一九三四四七二四時報文化出版公司
信箱—台北郵政七九～九九信箱
時報悅讀網—http://www.readingtimes.com.tw
法律顧問—理律法律事務所　陳長文律師、李念祖律師
印　　刷—盈昌印刷有限公司
初版一刷—二〇一六年三月二十五日
定　　價—新台幣三五〇元
⊙行政院新聞局局版北市業字第八〇號

國家圖書館出版品預行編目（CIP）資料

《一輩子要學會的職場黃金課—7堂課保證你工作事業都順利》／伍忠賢著. -- 初版. -- 臺北市: 時報文化, 2016.03
面;　公分. --（WIN；015）
ISBN 978-957-13-6558-9（平裝）

1. 職場成功法

494.35　　105001974